1분 물리학

1분 물리학

electronic

Space

PHISICS

$Ep = \frac{kx^2}{2}$

Atom

Magnet

중국과학원 물리연구소 엮음
정주은 옮김

책밥

1분 물리학

2021년 7월 20일 1판 1쇄 인쇄
2021년 7월 26일 1판 1쇄 발행

엮은이 중국과학원 물리연구소
옮긴이 정주은
펴낸이 이상훈
펴낸곳 책밥
주소 03986 서울시 마포구 동교로23길 116 3층
전화 번호 02-582-6707
팩스 번호 02-335-6702
홈페이지 www.bookisbab.co.kr
등록 2007.1.31. 제313-2007-126호

기획·진행 권경자
디자인 디자인허브

ISBN 979-11-90641-53-1 (03400)
정가 18,000원

책밥은 (주)오렌지페이퍼의 출판 브랜드입니다.

"나는 똑똑한 것이 아니라 단지 문제를 더 오래 연구할 뿐이다."
(It's not that I'm so smart, it's just that I stay with problems longer.)

_ 알베르트 아인슈타인(Albert Einstein)

호기심은 인류의 천성이자 과학발전의 원동력이다. 자연현상의 이면에 감춰진 원리에 호기심을 품은 적이 있는가? 왜 물보라는 흰색인지, 왜 번개는 지그재그로 치는지, 왜 휴대전화로 TV화면을 찍으면 까만색 줄무늬가 생기는지 등의 의문을 품은 적이 있는가? 얼핏 보면 별것 아닌 것 같은 이런 문제들이 사실 물리학에 다가가는 출발점임을 어린 시절에는 미처 알지 못했다.

　그러다 나이가 들고 지식이 쌓이면서 간단한 문제는 쉽게 해답을 얻게 되었지만, 때로는 원래의 문제에서 비롯된 더 많고, 신기한 문제나 생각들이 줄줄이 떠올라 끝내 만족스러운 해답을 얻지 못하기도 한다. 기술이 발전하면서 우리가 접하는 현상들도 점점 더 많아지고 있고, 그와 관련된 과학지식도 갈수록 광범위해지고 있으며 새로운 사물이 나타나는 속도 또한 빨라지고 있다. 그런 까닭에 과학계 종사자들은 사람들의 호기심을 만족시키고 더 많은 궁금증을 유발할 수 있는 새롭고 효과적인 수단을 찾아내야 한다.

　2016년 4월, 중국과학원 물리연구소(中国科学院 物理研究所)의 젊은 과학자 몇 명이 위챗 공식 계정에 Q&A 특별 칼럼을 개설했다. 칼럼은 개설과 동시에 팬들의 뜨거운 성원을 받았고 물리연구소 공식 계정에는 온갖 질문들이 줄을 이었다. 칼럼에는 흥미로운 질문들이 넘쳐났다. 처음에는 물리연구소 교사와 학생들만 답을 올렸으나 곧이어 협력 연구소를 비롯해 여러 대학 연구자들까지 답변을 올리기 시작했다. Q&A가 수많은 열성 팬이 매주 기대하는 칼럼이 되기까지는 그리 오래 걸리지 않았다. Q&A 칼럼은 지금까지 지속되고 있는데, 그중 일부를 선별해 이 책에 실었다. 독자들의 질문은 일상생활, 상상, 우주, 양자, 그리고 학습에 관한 내용으로 분류했다. 어떤 질문은 얼핏 보면 간단해 보이지만 심오한 물리학 지식을 내포하고 있기도 하고, 또 어떤 질문은 관점이 기발해 답을 읽어 내려가다 보면 마치 과학열차를 타고 달리는 것만 같다. 그중에는 명확한 답이 제시된 것도 있지만 어떤 것은 답이 가리키는 방향으로 상상의 나래를 펼치도록 인도하기도 한다. 심지어 과학자들조차 일치된 결론을 내리지 못한 것도 있다.

《1분 물리학》이라는 책 이름처럼 대부분의 Q&A는 읽는 데 1~2분이면 충분하기 때문에 독자는 자투리 시간을 활용해 과학지식을 쌓아갈 수 있다. 하지만 물리학의 기묘함에 경탄하면서도 잊지 말아야 할 점이 있다. 바로 단 1~2분 안에 어떤 물리문제를 완벽하게 이해하는 것은 불가능하며 답변자들도 모든 답이 독자의 의문점을 말끔하게 해소할 수 있을 만큼 완벽하다고 단언하지는 못한다는 점이다. 좋은 질문은 탐구의 출발지이지만 좋은 답변이 탐구의 도착지로 끝나는 경우는 별로 없다. 그보다는 호기심의 문을 열어젖히는 열쇠 역할을 한다. 그 문 안에는 독자들의 탐구를 기다리는 더 넓고 다채로운 물리의 세계가 펼쳐져 있다. 이 책의 질문과 답변들이 물리학에 대한 흥미를 일깨우고 일상생활과 대자연에 대한 호기심을 불러일으키길 바란다.

과학지식은 인류의 공통 자산이다. 과학자들은 미지의 세계를 탐구하고 더 많은 사람과 그 지식을 공유하기를 염원한다. 중국과학원 물리연구소의 위챗 공식 계정이 이토록 인기를 끈 것은 열성 팬들의 지지 덕분인데 과학계에서 종횡무진 활약하고 있는 젊은 연구 인력들과 활력 넘치는 학생들이 주축을 이룬다. 그들의 뜨거운 열정이 지금의 Q&A 칼럼을 있게 했다. 칼럼을 만들고 지금의 형태로 발전시킨 것은 더 나은 방식으로 일반 대중에게 과학지식을 소개한 새로운 시도였다. 칼럼은 단순히 과학지식을 전파하는 데 그치지 않고 과학문화를 육성하는 데 주력했다. 호기심은 탐구욕의 원동력이고 의문은 창조의 출발점이다. 젊은 동료들과 학생들의 열정과 헌신을 높이 평가하는 바이며, 이 특별하고 상상력 넘치는 훌륭한 책을 독자 여러분에게 추천하고자 한다.

위루(於淥)*
2019년 1월 베이징에서

---

* 추천의 글을 쓴 위루는 이론물리학자이자 중국과학원 원사다.

추천의 글

일상생활에 관한
1분 물리학

Q | 왜 밤에 가로등을 보면 빛줄기(주변으로 뻗어나가는 선)가 보이는 것일까?

　빛줄기가 보이는 이유는 크게 두 가지로 살펴볼 수 있다. 그중 한 가지는 회절과 관련이 있다. 사실 광학계는 모두 회절의 영향을 피할 수 없다. 키르히호프의 회절이론(Kirchhoff's diffraction theory)을 통해 각기 다른 형상의 조리개가 만들어내는 회절 패턴, 즉 빛줄기의 개수와 뻗어 나간 거리를 비교적 정확하게 계산해낼 수 있다. 멀리 있는 물체를 촬영하는 경우, 입사광은 평행광에 가까워 조리개에 2차원 푸리에 변환(Fourier transform)을 하면 근사하게 회절 패턴을 얻을 수 있다. 물론 빛줄기 좀 찍자고 이런 복잡한 이론까지 알아야 할 필요는 없지만, 일반적으로 광원이 밝고 조리개가 작을수록 회절로 인해 빛줄기가 뻗어 나가는 현상도 더 잘 관찰할 수 있다.

　사람의 눈에 비유하자면 조리개는 동공이라고 할 수 있다. 정상인 동공은 원형이므로 이론상으로는 '빛줄기'가 아니라 '빛무리'를 봐야 한다. 그러나 안구 또는 안경 렌즈 표면이 깨끗하지 않은 탓에 이런 비대칭 회절 현상이 일어날 수도 있다.

Q | 왜 금속 그릇에 비해 플라스틱 그릇에 기름때가 잘 묻을까?

　화학 교과과정에 '작용기가 비슷한 것끼리 서로 잘 녹는 원리'에 대한 내용이 있다. 극성 분자와 금속이온은 극성 용제에 잘 녹고 비극성 분자는 비극성 용제에 잘 녹는다는 것인데, 간단히 말해 극성이 비슷한 분자들끼리 친화력이 강하다는 것이다. 질문에 대한 답도 이와 비슷하다.

기름때는 거의 다 비극성 분자이거나 약극성 분자인데 일상생활에서 가장 흔히 볼 수 있는 플라스틱인 폴리에틸렌(polyethylene), 폴리프로필렌(polypropylene), 폴리에스테르(polyester)도 그러하다. 그래서 기름때와 플라스틱 간의 작용기는 강한 편이지만 금속 재료와의 작용기는 약하기 때문에 기름때가 플라스틱 표면에 더 잘 달라붙는 것이다. 세라믹 소재는 이온결정이 주를 이루어 일반적으로 어느 정도 극성을 띠기에 기름때가 잘 붙지도 않거니와 쉽게 씻어낼 수 있다. 이 밖에 일부 플라스틱 분자에는 기름때와 쉽게 친화하는 라디칼(radical, 화학 변화가 일어날 때 분해되지 않고 다른 분자로 이동하는 원자의 무리 - 옮긴이)이 있는데, 이러한 라디칼도 기름을 달라붙게 하는 데 한몫한다.

정리하자면 일반적으로는 플라스틱에 기름때가 더 잘 묻는다. 물론 예외인 경우도 있는데 폴리테트라플루오로에틸렌(polytetrafluoroethylene) 등의 플라스틱에는 어떠한 물질도 잘 묻지 않는다.

Q 인체에 해를 끼치지 않는 안전전압은 36볼트(V)다. 그런데 왜 안전전류라는 말은 없을까? 전압과 전류 중에서 어느 것이 더 위험할까?

사람의 몸상태를 고려하면 높은 전압에 노출된다고 해서 반드시 생명에 지장을 초래하는 것은 아니지만 강한 전류에 노출되면 반드시 사망한다. 낮은 전압이 인체에 강한 전류를 발생시킬 일은 없기 때문에 낮은 전압은 안전하다고 할 수 있다.

그렇다면 왜 그냥 안전전류라고 하지 않는 것일까? 왜냐하면 표준전력망에서 항상 일정한 것은 전압으로, 일정한 전압은 전력망의 부하가 정상 수준을 유지하는 데 도움을 주지만, 전류는 전력망의 부하에 따라 시시각각 변하기 때문이다. 이 내용은 다음의 두 가지로 정리할 수 있다. 하나는 안전전압이 안전을 보장하는 직접적인 요인은 아니지만 충분조건이다. 다른 하나는 안전전류를 설정하는 것보다 안전전압을 설정하는 것이 운용성 측면에서 훨씬 유익하다.

Q 비는 일부 지역에서만 내리는데 왜 우리는 비가 내리는 지역과 비가 내리지 않는 지역의 경계를 보지 못하거나 마주한 적이 없는 것일까?

사실 비가 내리는 곳과 내리지 않는 곳 사이에는 상당히 분명한 경계선이 존재하며, 우리는 드넓은 들판에서 종종 그 경계선을 확인한 바 있다. 다만 몇 가지 요인 탓에 일상에서 우리가 그 경계를 확인하기란 쉽지 않다.

그 요인 중 첫 번째는 구름층은 지표면으로부터 수백 미터에서 수천 미터 높은 곳에 위치하기 때문에 빗방울이 지표면으로 떨어지는 도중에 바람에 이리저리 흩날려 경계선이 불분명해진다. 두 번째 요인은 구름의 전체 면적에 비해 경계지역의 면적이 작아 관찰자가 운 좋게 경계지역 근처에 있을 확률이 낮다. 세 번째 요인은 구름은 바람의 힘으로 움직이는데 그 속도가 초속 수십 미터에 도달할 정도라 경계의 이동속도가 매우 빠르다. 그래서 우리가 눈 깜짝할 사이에 지나가 버리고 만다.

정리하자면, 날씨가 맑고 건조할 때 갑자기 빗방울이 굵고 풍속이 느린 소나기가 내린다면 비가 내리는 곳과 맑은 곳의 경계를 우리 눈으로 쉽게 확인할 수 있다. 이는 생활 속 경험과도 일치한다.

Q │ 왜 자전거 타이어에 바람을 가득 넣고 타면 가뿐한 느낌이 드는 반면 바람이 빠진 채로 타면 무겁게 느껴지는 것일까?

이상적인 상황에서는 자전거가 도로를 달리는 데 외력이 필요하지 않지만 실제 상황에서는 이상적인 조건이 충족되지 않는다. 자전거 타이어에 바람이 없는 상태에서 달리면 타이어는 납작하게 눌렸다가 펴지는 과정을 반복하게 된다. 이 과정은 대량의 역학적 에너지를 내부 에너지로 전환시켜 에너지 효율을 낮추므로 자전거가 무겁게 느껴지는 것이다.

이런 문제가 있는데도 군이 타이어를 장착해야 하는지 궁금한 사람도 있으리라. 답은 간단하다. 타이어를 없애면 타이어 휠과 지면이 강하게 부딪히게 되는데, 이때 받는 힘이 고르지 않아 타이어 휠이 쉽게 손상된다. 또한 심하게 탈탈거리는 자전거에 몸을 실었다가는 심신이 고루 혹사당하는 불쾌한 경험을 하게 된다. 마지막으로 타이어는 바퀴와 지면의 마찰력을 증가시켜 미끄러지는 것을 줄여준다.

Q │ 흐르는 물은 왜 잘 얼지 않을까?

이는 물 분자가 응결핵 주변에 질서정연하게 모여야만 결빙되는 것과 관련이 있다. 고인 물이 어는점에 도달했을 때, 물속에 응결핵이 있으면 물은 점점 응결핵 주변에서 얼음 결정을 이루게 된다. 응결과정은 이러한 응결핵에서 시작해 물이 있는 전 지역으로 확산되는 과정이다. 그러나 만약 물이 흐르면서 이리저리 움직이면 물 분자가 응결핵 주변에 질서정연하게 모이기가 어려워 결빙이 되지 않는다.

흥미로운 점은 응결핵이 부족한 상태에서는 물이 과냉각수(過冷却水, 어는점보다 낮은데도 얼지 않는 물)가 된다는 점이다. 이와 반대로 기화핵이 부족한 상태에서 물은 과열수(過熱水, 끓는점보다 높은데도 끓지 않는 물)가 된다.

Q 인터넷상에서 얼음사탕이 마찰 루미네선스를 일으킨다는 말이 있는데 어떤 결정들이 마찰 루미네선스를 일으키는가?

얼음사탕은 정말로 마찰 루미네선스(triboluminescence)를 일으킨다. 신기한 현상을 관찰하고 싶다면 간단한 실험을 해보면 된다. 일단 투명하고 내부가 건조한(반드시 건조한 상태여야 한다. 완전히 마른 것일수록 발광 현상을 더 잘 관찰할 수 있다.) 플라스틱 물병을 준비해 1/4 지점까지 커다란 얼음사탕 조각을 채운다. 달이 어둡고 바람이 센 밤에 커튼을 치고 불을 꺼 실내를 아주 어두컴컴하게 만든 다음, 물병을 빠르게 흔들면 안에 들어있던 얼음사탕이 깨지면서 순간순간 남보라색 빛을 내뿜는다. 더 빨리 흔들수록 발광 현상을 더 뚜렷하게 관찰할 수 있다.

이미 수백 년 전부터 마찰 루미네선스에 관한 연구가 진행되었고, 17세기 설탕 덩어리를 마찰시키면 빛이 발광한다는 사실이 밝혀졌다. 데이비드 할리데이(David Halliday)의 《일반물리학(Fundamentals of Physics)》에 이에 대한 내용이 포함되어 있다. 얼음사탕 결정의 비대칭성 때문에 얼음사탕이 깨지면서 그 단면에 양전하와 음전하가 생성된다. 이는 진동하고 마찰하는 기계에너지를 전위에너지로 바꾸는 것과 같다. 전하 중화(charge neutralization)의 방전과정이 공기 중의 질소 분자를 자극해 루미네선스 형식으로 에너지를 방출하는 것이다. 비슷한 메커니즘으로 마찰 루미네선스를 일으키는 결정으로는 플루오르화 리튬(LiF), 염화나트륨(NaCl), 탄화규소(SiC) 등이 있다.

수많은 결정이 이와 비슷한 발광 현상을 일으키지만 그 메커니즘 이슈는 매우 다양하다. 결정의 압전 효과, 뒤틀림, 전위 등도 발광 현상을 일으킨다. 또 얼음사탕이 질소 분자를 자극해 발광을 일으키는 것과 달리 결정 자체가 자극을 받아 발광을 일으키는 경우도 있다. 마찰 루미네선스도 비대칭 결정뿐만 아니라 일부 대칭 결정에서도 관찰된다. 이러한 이슈들에 대해서는 앞으로 더 많은 연구가 이루어져야 한다.

Q │ 한여름에 지면 위로 마치 불꽃이 피어오르는 것처럼 요동치는 투명한 움직임을 볼 수 있는데, 이것의 정체는 무엇인가?

태양 빛은 공기를 통과해 지면을 데운다. → 지면은 열전도를 통해 지면과 맞닿아 있는 공기를 데운다. → 열을 받아 팽창한 공기는 부피가 증가하고 밀도가 작아진다. → 밀도가 작아진 공기는 상승해 위쪽에 있는 차가운 공기와 끊임없이 부딪힌다. → 공중에서 밀도가 서로 다른 공기가 맞닿는 경계면이 많이 생겨나는데, 이와 같은 경계면들은 뜨거운 공기와 차가운 공기가 부딪힘에 따라 계속해서 변한다. → 밀도가 서로 다른 공

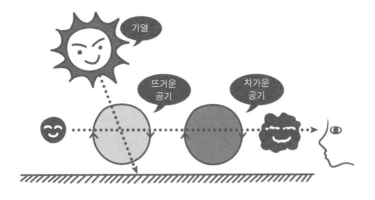

기들은 복사율도 달라서 빛이 경계면을 통과할 때 굴절이 발생한다. → 그래서 불꽃처럼 요동치는 투명한 움직임을 볼 수 있는 것이다.

Q | 바람은 왜 부는 것일까?

바람이 부는 까닭은 태양 때문이다. 태양 빛이 지표면을 데우면 지표면은 공기를 데운다. 그런데 여기에서 주목해야 할 것이 있다. 바로 지표면이 다 똑같지는 않다는 사실이다. 예를 들어 바닷물의 비열(어떤 물질 1g의 온도를 1도만큼 올리는 데 필요한 열량)은 육지보다 크기 때문에 똑같은 일조조건에서 육지의 온도가 바다보다 더 빨리 상승해 육지 위쪽의 공기가 바다 위쪽의 공기보다 더 뜨거워지게 된다. 앞에서 설명했듯이 뜨거운 공기는 상승 운동을 한다. 뜨거운 공기가 위로 올라가면 지면에는 저기압 지역이 남게 된다. 바다 위쪽의 공기도 상승 운동을 하고 저기압을 형성하기는 하지만 그다지 뜨겁지 않기 때문에 육지 위쪽의 공기만큼 빠르게 상승하지 않는다. 바다는 지면에 비해 상대적으로 고기압 지역에 위치한다. 기체는 고기압 지역에서 저기압 지역으로 흐르므로 바다에서 육지로 해풍이 불게 된다. 그러다가 밤이 되면 육지 온도는 빠르게 떨어지면서 바다 표면이 육지보다 뜨거워 육지에서 바다로 바람이 불게 된다. 따지고 보면 바람은 태양 빛이 일으킨 열대류 현상이다.

Q 휴대전화 전자파를 우려하는 사람들에게 그것이 한낱 기우에 지나지 않음을 어떻게 설명하면 좋을까?

물리적 측면에서 보면 휴대전화 전자파는 비전이성 방사선(non-ionizing radiation)이면서 공률이 매우 작아 유기 분자를 파괴할 수 없으며 인체에 해를 끼칠 수도 없다. 의학적 실험 결과를 보아도 휴대전화 전자파와 생리적 질병 사이에 뚜렷한 인과관계가 증명된 바는 없다.

Q 인덕션레인지의 전자파는 인체에 유해한가? 도시의 변압기 근처에서 발생하는 전자파는 인체에 어느 정도의 영향을 미치는가?

일상생활에서 흔히 볼 수 있는 전자기 복사 발생 물체인 휴대전화, 컴퓨터 모니터, 와이파이, 인덕션레인지, 전자레인지, 기지국, 고압변압기 등이 인체에 유해하다는 과학적 증거는 아직 발견된 바 없다. 사용자가 주의사항을 잘 지키기만 한다면 아무런 해를 입지 않을 것이다.

그런데도 해를 입었다면 이런 경우일 것이다. 하나는 한창 음식을 데우는 중인 전자레인지 문을 벌컥 열어젖힌다. 두 번째로는 변압기 안으로 뛰어 들어가 숨바꼭질을 한다. 세 번째는 이미 가동 중인 인덕션레인지 위에 얼굴을 바짝 갖다 댄다. 물론 다른 방식으로 해를 입는 경우도 있을 것이다. 이를테면 변압기에 깔려 죽는다든지…. 주변에서 흔히 볼 수 있는 것 중에서 정말로 인체에 유해한 복사를 발생시키는 것으로는 지하철과 공항의 보안검색대(금속탐지기 제외), 담배, 병원에서 사용하는 엑스레이 장비, 흉부 엑스레이 촬영기, 컴퓨터단층촬영기(CT), 우주방사선, 방사성 광물질 등이 있다.

 물론 양의 많고 적음에 상관없이 독성만 따지는 것도 비과학적이다. 현재까지 증명된 바로는 100밀리시버트(mSv) 이상의 방사선은 인체에 해를 끼친다. 평범한 정상인의 연간 방사선 피폭량은 2~3밀리시버트 정도다. 지하철 보안검색대에서 방출되는 방사선량은 무시해도 무방한 수준이다. 비행기를 타고 도쿄나 뉴욕까지 왕복하면 약 0.2밀리시버트에 피폭되는데 이는 흉부 엑스레이를 한 번 촬영한 정도와 비슷하다. 두부 CT 촬영 1회 피폭량은 약 1밀리시버트로 이는 하루에 30개비씩 담배를 피우는 사람과 1년 동안 함께 살면서 간접흡연을 할 경우 방사선에 노출되는 양과 같다. 흉부 CT 피폭량은 회당 약 5밀리시버트, 전신 CT는 회당 10~20밀리시버트다. 하루 30개비씩 담배를 피우는 사람이 1년 동안 피폭되는 방사선량은 13~60밀리시버트다.

 이 밖에 방사선 관련 분야에서 근무하는 종사자의 연간 방사선 피폭량 상한은 20밀리시버트로, 방사선 피폭량이 200밀리시버트에 이르면 백혈구가 감소하고 1,000밀리시버트에 이르면 메스꺼움, 구토, 수정체 혼탁 등 방사능 피폭 증상들이 나타난다. 2,000밀리시버트에서는 치사율이 5%에 이르고, 3,000~5,000밀리시버트에서는 치사율이 50%로 치솟으며, 10,000

밀리시버트가 넘어가면 생존 가능성이 없다고 봐야 한다.

Q | 기차는 어떻게 맨 앞쪽 차량이 나머지 차량을 전부 다 끌 수 있는 것일까?

일단 일반인의 직관에 반하는 이야기를 먼저 하고자 한다. 완벽한 원형이며 강성인데다 질량이 균일한 바퀴가 평평한 강성 지면 위를 미끄럼 마찰 없이 회전한다면 바퀴에 외력을 가하지 않더라도 영원히 등속 직선 운동상태를 유지할 것이다.

따라서 이상적인 상황에서라면 차량의 운동상태를 유지하는 데 따로 외력을 가할 필요가 없다(여기에서 내부 마찰은 고려하지 않는다). 물론 실제 상황에서는 앞서 설정한 조건(강성, 평평함, 완벽한 원형 등)을 충족시키기 어렵지만 바퀴가 있으므로 기차의 운동을 유지하는 것이 굉장히 어렵지는 않다. 만약 어렵다면 견인 기관차를 늘리거나 더 무거운 견인 기관차를 사용할 수도 있다.

사실 기관차가 나머지 차량을 끌면서 가장 힘들 때는 출발해 움직이기 시작할 때다. 정지상태에 있는 차량을 운동상태로 전환하는 것은 이미 진행 중인 운동을 유지하는 것보다 훨씬 어렵다. 그러나 기차의 모든 차량이 동시에 움직이기 시작하는 것은 아니다. 맨 앞에 있는 기관차가 바로 뒤에 있는 차량을 움직이게 한 뒤에는 기관차와 바로 뒤에 있는 차량이 함께 그 다음 차량을 움직이고, 이런 식으로 마지막 차량까지 움직이게 만들면 비로소 전 차량이 움직이게 되는 것이다. 이처럼 하나하나 차례대로 문제를 해결한 결과, 가벼운 기관차도 뒤따르는 무거운 차량을 끌 수 있게 되었다.

Q │ 왜 딱딱한 것은 쉽게 깨지는 것일까?

홍미로운 질문이다. 답하기도 어렵지 않은데 일단 '딱딱하다'는 것과 '쉽게 깨진다'는 말의 의미를 알아보자. '딱딱하다'는 것은 단위면적당 받는 압력으로 인한 변형을 견디는 능력이다. 그리고 '쉽게 깨진다'는 것은 변형을 견디는 능력이 약하고 전연성이 떨어져 약간의 형태 변화만 발생해도 부서지는 것을 말한다.

다만 위의 설명이 언제나 참인 보편적 명제가 아님을 알아야 한다. 예를 들어, 강철은 단단하지만 인성이 있고 흑연은 부드럽지만 쉽게 깨진다. 여기에서는 '단단하고 쉽게 깨지는' 것에 대해서만 설명하겠다.

더 명확한 설명을 위해 먼저 성질이 단단한 몇 가지를 예로 들면 다이아몬드, 대리석, 사파이어, 수정, 유리 등이 있고, 전연성이 좋은 부드러운 것으로는 고무줄, 비닐봉지 등이 있겠다. 앞에서 예로 든 것들을 보고 두 종류 물체의 뚜렷한 차이점을 알아차렸는지 모르겠지만, 딱딱한 것들은 모두 원자의 공유결합을 통해 서로 연결되어 있고(단, 유리는 결정이 아니지만 주기 구조가 없을 뿐, 그 내부도 공유결합을 통해 연결되어 있다.) 부드러운 것은 수소결합과 분자 간의 힘을 통해 하나로 묶여 있다.

그렇다면 문제는 아주 간단해진다. 공유결합은 수소결합이나 분자 간의 힘보다 강도가 훨씬 크다. 그래서 공유결합은 끊기가 매우 어렵지만 분자 간의 힘은 쉽게 깨진다. 똑같은 변형을 일으키는 경우, 공유결합으로 연결된 물체는 더 많은 일을 해야 하므로 '단단하다.' 그러나 본질적으로 공유결합은 원자 바깥쪽 전자 파동 함수의 중첩이므로 작용 범위가 극히 작아 그 크기가 원자와 같다. 다시 말해 공유결합은 살짝만 떨어져도 원래의 상태를 계속 유지할 수 없다는 말이다. 그러나 분자 간의 힘은 파동함수의 직접적인 중첩이 요구되지 않으므로 작용 범위가 매우 크다(예를 들어 고무줄의 분자 간의 힘은 주로 엔트로피 증가에 의한 것이다). 그래서 단단한 물건은 부드러운 물건보다 쉽게 깨지는 편이다.

단, 여기에서는 금속결합의 부드러움과 단단함에 대해서는 논하지 않았다. 금속의 부드러움과 단단함을 분석하는 일은 상당히 복잡해 구체적인 결정 구조, 전위의 생장, 이물질에 의한 전위 로킹(dislocation locking)을 분석해야 한다.

Q 기차에 앉아 창 밖을 내다보면 가까이에 있는 물체일수록 빨리 지나가고(기찻길과 표지판), 멀리 있는 물체일수록 느리게 지나가는 것 같다. 그 이유는 무엇일까?

이는 물체들이 우리의 시야를 지나는 속도가 다르기 때문이다. 움직임이 없는 이런 모든 물체에 대해 우리가 느끼는 속도가 다 똑같다는 것이 첫 번째 이유다. 그리고 우리의 시야 범위는 대체로 하나의 원뿔 안으로 거리가 멀수록(원뿔의 넓적한 부분에 더 가까워져) 볼 수 있는 범위가 더 크

가까이 있는 물체

멀리 있는 물체

다는 것이 두 번째 이유다.

예를 들어 기차 속도가 10m/s이고 물체와 우리 사이의 거리가 2미터면 우리의 시야는 반지름이 수미터인 원이다. 그래서 2미터 떨어져 있는 표지판은 1초 안에 우리 시야 안에 들어왔다가 사라져 버린다. 이와 달리 1,000미터 떨어져 있는 나무를 볼 때 우리의 시야는 반지름이 수천 미터에 달하는 거대한 원이기 때문에 우리의 시야 안에서 수분 동안 머물다가 지나간다.

Q | 1초는 얼마나 긴가? 1초의 정의는 복잡한가?

과거에는 하루의 1/86,400(24시간×60분×60초)을 1초로 정의했다. 그런데 생산과 연구 수준이 발전하면서 갈수록 더 정확한 시간 측정이 필요해졌다. 지구가 한 바퀴 자전하는 데 걸리는 정확한 시간은 분명하지 않다. 뜬 상태로 위아래로 움직이는 지구가 12월 말에 자전하는 데 걸리는 시간은 봄이나 가을보다 수십 초 길다. 그렇다면 도대체 어느 날 자전하는 데 걸리는 시간을 기준으로 1초를 정의해야 할까?

이런 이유로 1초의 정의는 '세슘-133 원자가 에너지를 받았다가 방출하는 빛의 진동주기가 9,192,631,770번일 때의 시간'으로 바뀌었다. 이 시간 간격은 정확하고 전 우주에서 동일하다. 9,192,631,770이라는 이상한 횟수를 사용하는 것은 역사상 초를 정의한 시간의 길이와 최대한 맞추기 위해서다. 2018년 개최된 국제도량형총회에서 킬로그램도 플랑크 상수로 재정의했는데 초의 정의보다 훨씬 더 복잡하다. 하지만 과학자 입장에서 보면 이 같은 정의들이 정확할수록 과학연구에 더 크게 기여할 수 있다.

Q | 비가 내릴 때 휴대전화를 사용하면 벼락을 맞는다는 말이 있는데 사실인가?

구름층과 대지 사이의 강한 전압이 공기를 전리(電離)해 방전 통로가 만들어지면 번개가 친다. 휴대전화 전자파의 에너지는 이에 비하면 무시해도 되는 수준이라 휴대전화 전자파는 번개의 방전 통로에 어떠한 영향도 미치지 않는다. 또 휴대전화의 첨단방전(point discharge, 도체 표면의 뾰족한 부분에 전기장이 집중해서 일어나는 방전 현상)이 번개를 끌어들인다고 생각하는 사람도 있는데 이 또한 어불성설이다. 일반적으로 휴대전화를 사용할 때 휴대전화의 높이는 사용자의 키보다 낮다. 요즘 나오는 휴대전화 케이스도 뾰족한 부분이 없기 때문에 별도의 첨단방전 효과를 일으키지 않는다(첨단방전을 일으키는 유일한 근원지는 아마도 우리의 키, 즉 신장일 것이다).

결론적으로 말해, 비 오는 날 휴대전화를 사용하면 벼락을 맞는다는 것은 흔히 접할 수 있는 유언비어에 불과하다. 헛소문에 불과한 말이 널리 퍼진 까닭에 대해 생각을 좀 해봤는데 아마 다음의 두 가지 이유 때문이 아닐까 싶다. 첫 번째 이유는 최초의 휴대전화, 다시 말해 모토로라 다이나택 8000X에는 외부에 긴 금속 안테나가 설치되어 있었다. 게다가 통화를 할 때는 이 안테나를 길게 빼야 했는데 이렇게 하면 첨단방전으로 인한 번개를 불러올 수 있었다. 그래서 초기 휴대전화 제조업체는 소비자에게 비 오는 날 야외에서는 사용하지 말 것을 권고했다. 많은 사람이 왜 그런 주의사항이 생겼는지는 모른 채 그저 비 오는 날 야외에서는 휴대전화를 사용하지 말라는 경고만 기억했고 지금까지도 그것을 잊지 않고 있는 것이다. 그러나 지금 쓰이는 휴대전화는 옛날의 그것과는 많이 다르다.

두 번째 이유는 유언비어가 퍼지는 데는 일정한 패턴이 있다. 널리 퍼진 헛소문은 반드시 다음과 같은 특징을 가진다. '헛소문을 받아들이는 비용이 그것을 분별하는 데 드는 비용보다 훨씬 적다.' 만약 기업이 '집안에 돈을 쌓아두면 벼락을 맞는다'고 한다면 이건 그저 헛소리에 그칠 뿐, 결단코 헛소문이 되지는 못할 것이다. 정말로 이해했든 이해한 척하는 것이든 사람은 누구나 무의식적으로 반박하고 싶을 테니 말이다. 받아들이는 데 너무 많은 비용이 들지 않나!

Q | 어떤 사람들은 아파트 중간층이 더러운 먼지가 날리는 층이라고 하는데, 먼지는 공기 중에서 얼마나 높이까지 올라갈 수 있는가?

먼지가 얼마나 높이까지 올라가는지를 판단하려면 풍속, 풍향, 기온, 습도 등 다양한 요소의 영향을 살펴봐야 한다. 또 크기, 전하, pH의 차이에 따라서도 먼지가 도달하는 높이가 달라진다. 여기에는 통용되는 간단한 공식이 없다. 단, 적어도 특정 층(예를 들어 흔히 거론하는 9~11층)에 더러운 먼지가 더 많이 머문다는 말은 사실이 아니라는 것이다. 지역마다 상황이 다르기 때문에 같은 지역에서도 층마다 쌓이는 먼지가 다를 수도 있고 모든 층에 비슷하게 쌓일 수도 있다.

Q | 왜 종이는 기름이 묻으면 투명해지는가?

아주 좋은 질문이다! 종이는 굉장히 많은 틈이 있는 어지럽게 얽힌 섬유로 각각의 틈에는 공기가 가득한데 공기와 섬유의 굴절률이 다르다. 그래서 빛이 종이를 비출 때, 일부는 종이 섬유에 흡수되고 일부는 종이 틈에서 끊임없이 산란해 어지럽게 얽힌 섬유와 공기의 경계면에서 어지러운 굴절과 반사가 발생한다.

기름(식물성 기름)과 섬유의 굴절률 차이는 크지 않아 각각 1.47과 1.53에 가깝다(공기의 굴절률은 1.0이다). 만약 틈 안에 기름이 가득하다면 기름과 섬유의 경계면에서 발생하는 굴절과 반사는 대폭 줄어들고 빛이 종이를 거의 직사할 수 있으므로 종이가 투명해진다.

이 밖에 한 가지 더 재미있는 현상을 관찰할 수 있는데 종이를 물에 적시면 투명해지는데 기름을 묻혔을 때만큼 투명도가 높지는 않다. 왜 그럴까? 답은 간단하다. 정제수의 굴절률이 약 1.33이기 때문이다.

Q 도로에 물이 있으면 물이 자동차 바퀴와 도로 표면의 마찰력을 감소시켜 미끄러짐을 유발한다. 하지만 손으로 지폐를 셀 때, 손이 건조하면 자꾸 미끄러지고 손에 물기가 있으면 오히려 미끄러지지 않는다. 그 이유는 무엇인가?

이 두 현상의 주된 차이점은 수층(水層)의 두께에 있다. 물이 층간에서 자유롭게 흐를 만큼 수층이 충분히 두꺼운가? 만약 그렇다면 물은 자연히 미끄러질 것이다. 그게 아니라면, 예를 들어 손가락이나 유리 위에만 매우 얇은 수막이 형성된 경우라면 표면 침윤과 장력이 물의 마찰력을 키울 것이다.

Q | 엘리베이터 안에서는 왜 휴대전화 신호가 잘 잡히지 않는 것일까?

엘리베이터 안에서는 전자기 신호가 차단되기 때문이다. 학교에서 물리시간에 정전 차폐에 대해 배웠을 텐데, 이는 도체 공동(cavity) 안팎의 전하 분포가 서로 영향을 주지 않는다. 도체 안의 자유전하가 도체 안팎의 전하가 발생시킨 전계를 따라 조정을 해서 차폐 효과를 내기 때문이다.

엘리베이터 안의 신호문제도 이와 비슷하다. 엘리베이터는 밀폐된 도체 공동으로 볼 수 있는데, 자유전하의 영향으로 전자파가 도체를 통과하기가 어렵다. 휴대전화 신호의 주파수대역하에서 전자파는 도체 안에서의 관통거리가 매우 짧고 강도가 급속도로 약해진다. 그래서 휴대전화 신호는 엘리베이터 밖으로 전달되기가 어렵고 엘리베이터 밖의 전자 신호도 휴대전화로 전달되기 어렵다.

Q | 악기의 소리와 관련해 음률과 음량은 정확한 물리량으로 분석한 것이 있는데, 음색은 어떻게 정량 분석을 할 수 있는가?

음색의 유형은 진원의 특성과 포먼트(formant)의 형상에 의해 결정된다. 우선 다양한 악기의 음색이 다른 이유와 배음(overtone)이 무엇인지 알아야 한다. 악기의 소리는 한 가지 주파수로만 구성되는 것이 아니라 배수관계를 만족시키는 주파수가 한 세트를 이루어 구성된다. 모든 악기는 정상파(定常波)를 이용해 소리를 낸다. 악기 줄은 양쪽 끝단이 고정되어 있기 때문에 악기 줄이 진동하는 부분의 길이는 반드시 반파장의 정배수다. 주파수는 파속을 파장으로 나눈 것이다. 악기의 줄을 튕길 때 80%의 에너지는 악기 줄 전체의 진동으로 전환되어 기본음을 만들고, 10%의 에너지는 2배 주파수의 진동으로 전환되며 5%의 에너지는 3배 주파수로 전환될 텐데, 이때 2배 주파수의 성분은 어떤 의미에서 말하자면 이 또한 기본음이라고 할 수 있기에 다시금 4배, 8배의 성분으로 전환될 수 있다. 악기마다 에너지 분배 비율이 서로 다르므로 각각의 악기는 모두 유일무이한 존재이며 유일무이한 음색을 가지고 있다.

Q | 임신부들은 전자파 차단 임부복을 반드시 입어야 하는가?

전혀 그럴 필요는 없다. 이런저런 목적을 가지고 우리와 가족들에게 접근해 전자파 차단 임부복을 꼭 입어야 한다고 부채질하는 사람들이 있을 것이다. 하지만 딱 잘라 말해 '전혀 필요 없다.' 그 이유는 다음과 같다.

첫 번째는 인체에 유해한 것은 전리 방사선뿐이다. TV, 컴퓨터는 물론이

고 휴대전화, 전자레인지, 기지국 등 일상생활에서 접할 수 있는 것들은 모두 비전리 방사선이고, 비전리 방사선은 인체에 무해하다(살이 데일 정도로 전자레인지를 쬐지만 않으면 된다).

두 번째는 흔히 접할 수 있는 전리 방사선으로는 보안검색대에서 발생하는 엑스레이 방사선과 비행기를 탈 때 노출되는 우주방사선이 있다. 그러나 이러한 방사선에 의한 피폭량은 매우 적어 무시해도 될 수준이다.

세 번째는 안타깝게도 후쿠시마에 살고 있다면 얇디얇은 전자파 차단 임부복을 입는다고 해도 감마(γ)선을 막지 못하고 베타(β)선도 막지 못하며 유일하게 막을 수 있는 것은 알파(α)입자뿐일 텐데, 알파입자는 당신의 피부도 막을 수 있는 것이다. '전자파 차단 임부복'이라는 이름을 내걸고 판매하는 옷들은 대부분 옷 안에 스틸사를 넣어 만드는데, 발상의 근거는 역시 감응 원리를 이용해 비전리 방사선을 차단한다는 것이다. 이는 다시 첫 번째 이유로 돌아가는데, 비전리 방사선은 인체에 무해하다.

Q | 천둥 번개는 왜 치는 것일까?

뇌우의 적란운 하층과 지표에는 상반되는 전하가 대량으로 농축되어 있는데, 이는 구름과 대지 사이에 엄청난 전위차(수십 메가전자볼트)를 형성한다. 이렇게 높은 전압이 만든 전기장은 공기 분자를 전리시킬 수 있다. 전리된 이온은 전기장으로 인해 가속되어 옆에 있는 분자에 빠른 속도로 부딪혀 그 분자까지 전리시킨다. 눈사태처럼 진전되는 이런 상황은 결국 공기를 긴 선 모양의 도체로 변모시킨다. 이 경로를 따라 전하가 빠르게 방전하면서 번개가 만들어지는 것이다.

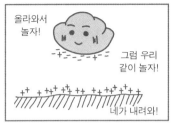
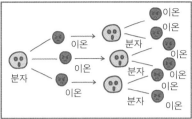

또한 방전으로 인한 열이 공기를 가열시키면 공기가 팽창 및 마찰하면서 소리를 발생시키는데, 이것이 바로 천둥이다. 그렇다면 왜 뇌운 안에는 이토록 큰 전하량이 농축되어 있는가? 현재 이에 관해 많은 이론이 제시되었지만 어떤 이론도 모든 현상에 대한 답을 내놓지는 못했기 때문에 뇌운의 대전 메커니즘은 아직까지도 논란이 되는 문제다.

Q | 북극의 이글루 안은 정말로 춥지 않은가?

이글루가 추위를 막는 데 탁월한 효과가 있는 것은 사실이다. 이글루는 차가운 바람이 실내로 들어올 수 있는 틈이 거의 없는 데다 이글루를 만드는 데 쓰이는 얼음 블록은 열의 부도체라 단열 효과가 뛰어나다. 이글루를 드나드는 문은 대개 바람의 방향과 수직을 이룰 뿐만 아니라 높이가 매우 낮기 때문에 차가운 바람이 실내로 들어와 대류를 형성할 수 없다.

북극의 실외 온도는 섭씨 영하 30~40도 이하이지만 이글루 안의 온도는 영상 5도 정도다. 이 정도면 동물 가죽으로 만든 따뜻한 옷을 입는 이누이트족에게는 충분하며, 보통 사람도 생활하는 데 큰 문제가 없을 것이다. 중국 남방지역에서도 겨울철에 히터를 틀지 않고 지내는데 그때의 온도가 대충 이 정도이니 말이다. 이글루 내부의 얼음이 녹는 문제는 발생하지 않는다. 얼음벽 근처의 온도가 항상 녹는점보다 낮기 때문이다. 실내의 온도를 좀 더 올리고 싶을 때, 이누이트족은 얼음벽에 짐승 가죽을 걸어놓는다. 그러면 실내가 아무리 따뜻해도 짐승 가죽과 얼음벽 사이의 공기 온도는 짐승 가죽의 단열 기능 탓에 어느 수준 이상으로는 올라가지 못한다. 눈 속의 동굴(설동, 雪洞) 안이 따뜻한 것도 같은 이치다. 조건만 맞는다면 설동을 파고 추위를 피하는 것도 현명한 야외 생존 전략이다.

Q | 왜 액체 산소와 고체 산소는 파란색인가?

산소의 색깔을 알려면 산소 분자의 흡수 스펙트럼을 생각해보면 된다. 산소의 흡수 스펙트럼은 주로 적외선 영역에 존재해 기체상태의 산소는 무색투명하다. 그러나 액체상태와 고체상태에서는 응집 물질의 이분자 결합작용으로 인해 빨간색에서 노란색, 녹색광 영역까지 4개의 흡수 봉우리(absorption peak)가 생기는 까닭에 액체상태의 산소와 고체상태의 산소는 파란색을 띤다. 또 기체상태의 산소 분자는 공간 내 분포 밀도가 매우 낮은 까닭에 같은 색깔의 빛을 흡수하더라도 색이 너무 옅어 육안으로는 식별할 수가 없다.

참고문헌 |

1. E. A. Ogryzlo J. Chem. Educ., 1965, 42(12), p647.
2. Ahsan U. Khan, Michael Kasha J. Am. Chem.Soc., 1970, 92(11), pp3293–3300.

Q | 연소된 성냥은 어떻게 자석에 붙는가?

이는 연소와는 상관이 없다. 불을 붙이기 전의 성냥도 자석에 붙는다. 성냥머리를 물속에 담그고 옆에 자석을 두면 성냥머리는 자석 쪽으로 움직인다. 확실히 성냥머리에 자성물질이 들어있는 것이다. 원가를 고려하면 철가루일 가능성이 높다. 그런데 왜 연소한 후에 이 같은 현상이 더욱 두드러지는 것일까? 그 원인은 다음 두 가지로 분석된다. 하나는 성냥이 연소된 후에 대부분의 가연 물질이 산화되어 성냥이 더 가벼워졌다. 그다음은 자성분말의 분포가 더 집중되어 자석 효과가 더 강해졌다.

그렇다면 성냥머리에 왜 자성분말을 넣는 것일까? 관찰력이 뛰어난 사람들은 발견했겠지만 성냥갑 안의 성냥개비는 일정한 방향으로 가지런히 정렬되어 있다. 답을 알았나? 그렇다. 철가루를 넣으면 자석을 대는 것만으로 성냥머리를 한 방향으로 정렬할 수 있기 때문이다. 중국의 경우 1980년대에 기술표준을 정해 성냥머리의 위치가 거꾸로 된 것은 성냥갑에 넣을 수 없도록 했다. 처음에는 성냥개비 머리와 꼬리의 중량차를 이용해 진동으로 머리와 꼬리를 정렬시켰는데 이 방법은 머리와 꼬리가 제대로 정렬되지 않거나 화재가 발생하기 쉬워 안전성이 떨어졌다. 또한 정렬되지 못해 탈락하는 성냥이 대량 발생해 낭비가 심했다. 이러한 여러 가지 문제를 해결하기 위해 현재는 자성분말을 넣는 방법을 사용하고 있다.

Q | 왜 비행기가 지나간 뒤에는 구름이 남는가?

구름의 형성과정은 대체로 다음과 같다. 대기 중의 수증기가 과

포화상태가 되면 응결핵 주변으로 계속 모여들어 작은 물방울이나 작은 얼음 결정을 형성한다. 이 물방울이나 얼음 결정이 태양 빛을 반사하거나 산란시키면 우리 눈에 구름이 보이게 된다.

비행기가 지나간 뒤에 남는 구름을 비행운이라고 하는데, 흔히 볼 수 있는 것은 분사 추진식 비행기가 남긴 흔적이다. 분사 추진식 비행기는 높은 고도에서 비행을 하면서 수증기를 포함한 고온의 배기가스를 대량 배출하는데 동체 바깥의 온도는 대개 섭씨 영하 40도 이하다. 뜨거운 배기가스가 차가운 공기를 만나면서 온도가 내려가고 수증기가 과포화 조건에 도달해 응결핵 위로 작은 물방울이나 얼음 결정이 응결하면서 구름이 형성되는 것이다. 이렇게 생성된 비행운은 일반적으로 30~40분 정도 유지된다.

Q 북반구의 소용돌이는 모두 왼쪽 방향으로 회전하는가? 그렇다면 이런 현상은 지구의 자전과 위도마다 서로 다른 선속도에 의해 결정된다고 하는데 이것이 과학적인 해석인가?

지구의 자전이 운동 방향을 바꾸는 힘을 만드는 것은 사실이다. 이를 우리는 '코리올리 힘(Coriolis force)'이라고 하는데, 지리학에서는 '전향력'이라고 부른다. 그러나 이러한 힘이 서로 다른 선속도에서 비롯된 것은 아니다. 중요한 것은 지구의 자전은 비관성계이며 회전하는 지구에 비해 상대적으로 운동하는 물체만 코리올리 힘을 받는다는 점이다. 열대성 저기압이 북반구에서는 반시계 방향(왼쪽)으로 회전하고 남반구에서는 시계 방향(오른쪽)으로 회전하는 것은 확실히 코리올리 힘 때문이다.

그러나 질문에서 말하는 것이 세면대, 욕조, 변기 등에서 배수를 할 때 생기는 소용돌이라면 이런 소용돌이의 회전 방향은 코리올리 힘과 무관하다. 이러한 물체들에서 볼 수 있는 배수의 경우 배수 구멍이 너무 작고 유속도 느려 코리올리 힘이 너무 작기 때문에 물이 흐르는 방향에 영향을 줄 정도가 못 된다. 소용돌이의 회전 방향은 주로 배수 구멍의 내부구조에 따라 결정된다.

Q 왜 종이나 플라스틱으로 휴대전화 홈 버튼을 가렸음에도 불구하고 지문 식별이 가능할까? 이렇게 해도 전기가 통하는 것인가?

지문 식별은 식별 모듈을 통해 지문 정보를 수집해 기존에 휴대전화에 등록된 지문 정보와 비교하는 것을 말한다. 지문 식별 모듈은 지문을 수집하는 방식의 차이에 따라 크게 광학식, 정전식, 주파수식으로 나뉜다.

광학식은 빛을 쏴 반사된 이미지로 지문을 식별하는 방식인데, 인식률이 높지 않고 공간을 많이 차지하기 때문에 휴대전화에는 잘 사용하지 않는 모듈이다. 정전식은 실리콘 웨이퍼와 손가락에서 전기가 통하는 피하조직 액이 콘덴서를 형성하는 것을 이용한 방식이다. 두 전극 사이의 거리는 콘덴서의 전압에 영향을 준다. 이 원리에 따라 지문 표면의 굴곡은 각기 다른 실리콘 웨이퍼에 각기 다른 전장을 형성하는데, 이는 지문 정보를 전자파 신호로 전환한다. 현재 휴대전화에서 사용하는 지문 식별 모듈은 대부분 정전식이다.

또 다른 방식인 주파수식은 다시 무선전파 탐지형과 초음파 탐지형으로 나뉘는데, 특정 주파수의 신호 반사를 이용해 지문의 구체적인 형태를 알아내는 방식이다. 이러한 기술은 센서 자체가 발사하는 미세한 주파수 신

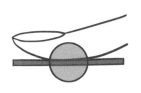

호를 통해 손가락 표층을 투과해 안쪽의 지문 무늬를 탐지한다. 이 방식은 손가락을 식별 모듈과 접촉할 필요가 없다는 장점이 있다.

위의 내용들을 통해 질문의 답을 찾았으리라 생각한다. 먼저 질문자의 휴대전화 지문 식별 모듈은 정전식이다. 이런 모듈의 지문 식별은 발생시킨 전장이 너무 약해 탐지가 불가능할 정도로 중간 매개체가 두꺼운 경우가 아니라면 지문 식별에 아무런 영향이 없다. 종이를 얼마나 많이 깔아야 지문 식별이 불가능해지는지 한 번 실험해보라. 이를 생각하면 손이 젖은 상태에서는 지문 식별이 불가능한 현상도 쉽게 이해할 수 있다. 물은 전기가 통하기 때문에 이때 모듈은 당신의 지문이 아니라 물의 무늬를 식별하려 할 것이다.

Q | 도체는 왜 대부분 불투명하고, 투명한 고체는 왜 대부분 부도체인 것일까?

'투명하다'는 것은 무슨 뜻인가? 에너지 측면에서 보자면 '투명하다'는 것은 재료 중에서 전자가 가시광선에 대응하는 에너지를 흡수하지 못하고 전이한 것을 의미한다. 가시광선의 빨간색과 보라색 양쪽에 대응하는 에너지는 각각 1.6전자볼트(eV)와 3.1전자볼트(eV)다.

고체 내의 원자는 항상 질서정연하게 배열되어 결정을 형성하는데 그 안의 전자가 일련의 준연속적 에너지 준위상에 자리하는 것을 에너지 밴드(energy band)라고 부른다. 대표적인 예로 금속을 들 수 있는데, 도체가 금속성을 띠는 이유는 그 안의 전자가 에너지 밴드의 절반을 채우고 있어 아주적은 에너지만 흡수해도 가장 가까운 에너지 준위로 전이할 수 있기 때문이다. 물론 전자는 더 많은 에너지를 흡수해 더 높은 에너지 준위로 전이할수도 있으며 이러한 에너지 준위에 대응하는 에너지 밴드의 범위가 연속적이고 넓어 전 범위 가시광선을 흡수하므로 불투명한 것이다.

부도체의 경우, 수정을 예로 들면 전자가 에너지 밴드 전체에 가득 차 있다. 에너지 밴드와 에너지 밴드 사이에 일정한 에너지가 있는데 이를 밴드갭(band gap)이라고 한다. 이 말은 전자가 흡수한 에너지가 적어도 밴드 갭에 대응하는 에너지에 가까워야 전이가 발생할 수 있다는 뜻이다. 수정의밴드 갭은 상당히 커서 9전자볼트 정도인데, 이는 가시광선 에너지를 훌쩍뛰어넘는 수치로 그 전자가 가시광선 영역의 빛을 흡수해 전이할 수 없기때문에 수정이 투명해 보이는 것이다.

반도체는 절연체와 비슷한데 밴드 갭은 절연체보다 작다. 이에 대한 더깊은 내용은 구체적 물질을 예로 들어 살펴봐야 한다. 예를 들어, 실리콘(Si)의 밴드 갭은 1.1전자볼트로 적외선보다 작아 가시광선 전 구간이 흡수되므로 불투명하다. 반면 실리콘 카바이드(SiC)의 밴드 갭은 2.4전자볼트로 2.4~3.1전자볼트 범위의 가시광선이 흡수된다. 초록빛 에너지는 2.37전자볼트로 이 말은 곧 빨주노초파남보 중에서 '파남보'가 흡수되고 '빨주노초'는 그대로 투과되어 재료가 투명해 보이기는 하나 색을 띤다는 것을의미한다. 플라스틱 등 분자 위주의 재료는 분석 방법이 비슷하기는 하지만 에너지 밴드를 형성하지 못하고 일련의 분립된 에너지 준위를 가지므로 각각의 것을 개별적으로 논해야 한다.

이 문제는 엄격하지는 않지만 직관적인 측면에서 이해할 수도 있다. 전기가 통한다는 것은 전자가 전기장을 따라 자유롭게 이동할 수 있으며 당연히 빛의 전자장을 따라서도 운동할 수 있다는 뜻이므로 빛의 에너지를 흡수해 불투명해 보인다. 반면에 투명한 물체가 확실히 빛을 흡수하지 않는 것은 그 안의 전자가 빛의 전자장을 따라 운동하기 어렵다는 뜻이다. 그렇다면 전자가 일반적인 전기장 안에서 자유롭게 이동하는 것도 어려울 테니 물체에도 전기가 통하지 않게 된다.

Q | 물체의 녹는점을 바꿀 수 있는가?

물론 바꿀 수 있다. 고체는 어떻게 융해될까? 고체 안의 원자나 분자는 여러 상호작용으로 인해 가지런히 배열되는데, 온도가 원자나 분자의 진동을 일으킨다고 할 수 있다. 온도가 높을수록 진동도 강해지는데 진동이 너무 심하고 평형 위치에서 너무 멀리 이탈하면 원자는 더 이상 결합을 유지하지 못하게 된다. 그리고 대열이 흐트러지면 고체도 융해된다. 그래서 단위면적당 받는 압력, 불순물, 외부장, 기판은 물론이고, 심지어 입자 크기 등 원자나 분자 사이의 상호작용에 영향을 줄 수 있는 모든 물리량이 녹는점에 영향을 미칠 수 있다.

예를 들어 통상적으로 얼음의 녹는점은 압력이 커지면 내려간다. 그래서 무거운 물체를 달아 맨 철사가 고드름에 걸린 상태라면 얼음을 국부적으로 녹이며 서서히 안으로 파고들게 된다. 이와 달리 매우 높은 압력 근처에서는 압력이 올라갈수록 얼음의 녹는점도 올라가는데 실온보다 더 올라갈 수도 있으며 이렇게 되면 고압에서 뜨거운 얼음이 만들어진다. 불순물이 섞여도 녹는점은 바뀐다. 얼음에 소금이나 알코올을 소량 넣기만 해도 녹는점은 낮아진다. 이 원리는 도로 제설과 트랙터 물탱크 결빙 방지에 이용할 수 있다. 전기장과 자기장도 얼음의 녹는점을 바꾼다. 각기 다른 기판 위에서 물질의 녹는점도 차이가 있다. 예를 들어 저온에서 각기 다른 금속 기판 위에 흡착된 고체 산소 박막의 녹는점은 서로 다르다. 이밖에 고체 표면 근처의 녹는점이 일반적으로 본체보다 낮아야 하는데, 이 원리는 SLPS(Supersolidus Liquid Phase Sintering)에 응용할 수 있다. 나노입자는 비표면적이 매우 커서 녹는점을 큰 폭으로 내리는데 섭씨 수십 도에서 수백 도까지도 낮춘다.

Q | 이어폰의 노이즈 캔슬링의 원리는 무엇인가?

소음을 줄여주는 기술인 노이즈 캔슬링(noise cancelling)은 크게 패시브 노이즈 캔슬링(PNC; Passive Noise Cancelling)과 액티브 노이즈 캔슬링(ANC; Active Noise Cancelling)으로 나뉜다. 패시브 방식은 일반적인 차음(遮音)을 말하는데, 실리콘 마개 등으로 귓속에 밀폐된 공간을 형성해 외부 소음이 들어오지 못하게 막는 것이다. 이 방법은 고주파 소음은 쉽게 거르는 반면 저주파 소음은 효과적으로 거르지 못한다는 특징이 있다. 못 믿겠다면 실험을 해보라. 손가락으로 귀를 막으면 날카로운 소리는 확실히 작게 들리지만 기계가 작동하면서 내는 소리처럼 낮은 소리는 여전히 분명하게 들린다.

하지만 우리가 더 궁금한 것은 아마도 액티브 방식일 텐데, 우리는 그저 고개를 저을 수밖에…. 모른다는 뜻이 아니라 여러분도 같이 고개를 저어보라는 뜻이다.

고개를 저을 때 휴대전화 화면 위의 글씨가 잘 보이는가? 대충 보이기는 할 것이다. 이 말은 머리를 흔드는 행위가 눈이 하는 일을 방해하지는 않는다는 뜻이다. 왜 그럴까? 눈은 시야가 바뀐다는 정보를 받아들이자마자 이를 대뇌에 전달하고 정보를 받은 대뇌는 눈에게 반대 방향으로 움직이라는 명령을 내려 머리가 흔들릴 때 받는 영향을 최소화해 시야가 흔들리는 정도를 줄이기 때문이다. 액티브 방식 이어폰의 원리도 이와 비슷하다. 마이크가 주변의 소음을 모아 칩에 전달한 뒤, 스피커가 소음과 동일한 진폭, 역위상의 소리를 내보내 원래의 소음을 상쇄한다. 이런 방법은 저주파 소음을 차단할 때 매우 효과적이지만 소음의 주파수가 너무 높을 경우에는 회로가 지연되거나 파장이 짧아짐으로 인한 위상 오차 문제에 부딪히게 된다. 그러므로 패시브와 액티브의 장점을 하나로 합쳐야 더 좋은 노이즈 캔슬링 효과를 볼 수 있다.

Q 배터리에도 유효기간이 있는가? 혹시 유효기간이 지난 미사용 배터리를 사용하면 어떤 일이 발생하며, 배터리 속 전기는 어디로 사라진 것일까?

당연한 말씀을! 배터리에도 유효기간이 있다. 이는 배터리의 자기 방전(self discharge) 현상과 관련된 문제다. 학교에서 배웠던 구리-아연 일차 전지를 떠올려보자. 구리를 양극, 아연을 음극으로 하여 중간에 도선을 연결해 전극을 전해액 속에 담그면 외부 회로에서 전류가 흐르는 것을 확인할 수 있다. 만약 도선을 없애고 구리-아연 전극을 직접 연결해 전해액 속에 담근다면 어떤 상황이 발생할까? 답은 모두가 알다시피 일차 전지와 다를 바가 없다. 그저 이로 인해 생긴 전기에너지를 이용할 길이 없을 뿐이다. 만약 구리 전극이 매우 작아 아연 표면 일부분에만 분포한다면 극히 작은 일차 전지를 무수히 형성해 배터리의 화학에너지를 소모하게 된다. 전기화학 부식의 원리도 이러하다. 건전지의 자기 방전은 전해액 중의 불순물이나 전극 표면이 고르지 않아 발생하는 것이 맞다. 전지의 양극(+)과 음극(-) 둘 다에서 초소형 배터리 부식 문제가 발생할 수 있으나 일반적으로 자기 방전은 주로 음극(-)에서 발생한다. 만약 전극 표면에 수소 부식 전위가 낮은 불순물이 존재하면 수소 부식 반응이 나타날 수 있다. 철(Fe), 니켈(Ni), 구리(Cu), 비소(As) 등 불순물은 모두 해롭다. 그래서 전지산업은 전극과 전해액의 불순물 농도를 상당히 엄격하게 통제하고 있으며, 공정과 생산 환경에 대해서도 매우 까다로운 기준을 만족할 것을 요구한다.

　배터리를 오랫동안 방치하면 자기 방전 탓에 전극 표면에 불순물이 쌓이고 전해액이 변질되어 전압이 낮아지고 지속적이고 안정적인 방전 시간이 짧아지는 등의 문제가 발생하게 된다. 그럼 전기에너지는 어떻게 되었을까? 열에너지로 변해 튀었을 것이다.

Q 도로 위를 달리는 자동차의 창문을 열면 바람이 밖에서 안으로 불어 들어오는데, 왜 하늘을 나는 비행기의 출입문이 갑자기 열리면 바람이 비행기 안에 타고 있던 사람을 밖으로 날려 보내는 것일까?

　도로 위를 주행 중인 자동차의 내외부 기압은 모두 1기압에 가까운데 압력 차는 주로 운동 때문에 일어난다. 실제 상황은 앞의 질문보다 훨씬 더 복잡하다. 구체적으로 살펴보자. 자동차는 공기를 맞으며 운동하는 까닭에 앞쪽 공기는 살짝 짓눌려 단위면적당 받는 압력이 약간 높다. 이것이 앞쪽 차창을 통해 차내로 유입되거나 앞쪽 범퍼에 의해 양측으로 밀리게 된다. 베르누이의 원리(Bernoulli's principle)에 따라 자동차 측면에는 저압 구역이 존재하는데 일부 공기가 밖으로 흘러나가 점차 평형을 이룬다. 특히 자동차나 기차가 터널을 빠르게 지나갈 때 귀에 분명한 느낌이 전달된다. 또 차창 주변에는 상대운동으로 인해 불어 들어간 공기 및 차창 근처에 형성된 와류가 존재한다. 자동차 후미에도 저압 구역이 존재하는데 자동차 주행속도가 매우 빠를 때는 난류까지 형성해 가속에 영향을 미친다. 이는 스포츠카가 가속할 때 고려해야 하는 중요한 요소다. 자동차 뒤쪽에 피어오른 먼지를 보면 공기의 운동 상황을 쉽게 관찰할 수 있다.

비행기의 운항 고도는 약 10,000미터 정도인데, 이 높이에서 공기의 단위면적당 압력은 표준대기압의 1/4에서 1/3밖에 되지 않는다. 온도와 기압이 낮은 에베레스트산 정상을 떠올려보라. 그런 환경에서는 숨 쉬는 것조차 버겁게 느껴진다. 탑승자들의 안전과 정상적인 활동을 보장하기 위해 비행기는 밀폐된 객실 내의 압력을 조절하는 여압장치를 통해 기내 압

공기 유출

공기 유입

사람 살려!

력을 2/3 표준대기압 이상으로 유지한다. 그래서 기내 압력은 항상 외부보다 높다. 또한 이러한 압력차가 상당히 크다는 점을 놓치면 안 된다. 일단 운항 중인 비행기가 파손되면 엄청난 압력차로 인해 기내 공기가 빠르게 쏟아져 나와 밖으로 부는 거센 바람을 형성하게 된다.

Q 거울의 반사율은 어떠한 것과 관련이 있으며, 이론적으로 반사율에는 상한선이 존재하는가?

광물질의 반사율은 물체의 표면에 빛이 수직으로 입사할 때, 입사광에 대한 반사광의 비율이다. 이에 상응하는 것이 광물질의 투사율인데, 에너지 보존의 법칙에 의해 둘의 합이 1이라는 사실은 모두 알고 있는 바다. 일반적으로 매질의 반사율과 투사율은 빛이 매질 표면에 입사한 맥스웰 방정식(Maxwell's equations)의 경계조건을 구해야 알 수 있는데, 그 크기는 매질의 유전율, 투자율 및 입사광의 주파수와 관련이 있다. 하지만 대개 투자율과 광파 주파수의 영향은 무시해도 된다. 그렇다면 거울은 어떠한가? 거울은 보통 렌즈(일반적으로 유리)와 렌즈 위에 도금하는 금속막(가장 흔한 것은 은)으로 이루어진다. 유리는 투사율이 매우 높고 금속막은 반사율이 매우 높아 거울 표면에 입사한 빛은 대부분 유리를 투과했다가 금속막에 반사된다. 따라서 거울의 반사율은 유리의 투사율과 금속막의 반사율에 의해 결정되는데, 거울의 반사율은 대개 90% 정도다. 특수한 용도의 거울, 예를 들어 실험실에서 사용하는 일부 반사경의 반사율은 95%가 넘고 99.9%에 이르는 것도 있지만 절대로 100%에는 도달하지 못한다.

Q | 빛이 물을 통과할 때 물의 유속이 광선의 전파에 영향을 미치는가?

결론부터 말하자면 물의 유속은 확실히 빛의 전파에 영향을 미친다. 광선은 매질의 운동에 의해 일부 끌려간다. 사실 바람도 소리를 흩트린다. 중국 고전 《순자(荀子)》의 〈권학 편(勸學篇)〉에 '바람이 부는 방향으로 소리친다고 소리가 빨리 가는 것은 아니지만 더 또렷하게 들을 수 있다'라는 말이 나오는데, 이는 일반적인 상황에서 매질 운동이 음파에 미치는 영향에 대해 아주 정확하게 설명하고 있다. 빛은 바람과 약간 다르다. 빛과 매질의 속도가 같은 선상에 있다고 가정해보자. 빛의 속도는 $c'=c/n+v(1-1/n^2)$이다. 여기에서 c'는 매질을 지나칠 때 빛의 속도이고, n은 굴절률, v는 매질 운동속도이다. 1851년 프랑스의 물리학자 피조(Fizeau)는 실험을 하다가 이 같은 결론을 얻었다. 이는 매질 중의 광속과 매질 운동속도를 직접 선형으로 합성한 것이 아니라 상대성이론을 수정해 얻은 결과다. 광속은 불변하지 않느냐고 묻는 사람도 있을 것이다. 그러나 이 결과는 광속이 서로 다른 매질에 대해서만 변하는 것이 아니라 운동속도가 서로 다른 같은 종류의 매질에 대해서도 변한다는 사실을 설명한다. 이는 속도는 늘 상대성이론의 공식에 부합하기 때문으로 '빛의 속도는 불변'이라고 함부로 말할 수 없다.

빛이 '끌려가는 것'을 생생하게 설명하기 위해 어떤 관찰 실험에 대해 소개하고자 한다. 일정한 속도로 흐르는 물 표면에 빛줄기가 입사하고 있다. 만약 물의 흐름이 빛의 전파에 영향을 미치지 않는다면 빛은 계속 수직으로 나아가 물속으로 들어갈 것이다. 현재 우리는 물의 흐름이 상대적으로 정체된 좌표계에서 관찰하고 있다. 이때 광원과 상대적인 운동이 일으킨 수차(aberration, 렌즈를 통과한 빛이 한 점에 모일 때 색이나 상이 왜곡되는 현상 - 옮긴이) 효과로 인해 빛이 특정한 각도로 수면에 입사한 뒤, 굴절을 일으켜 빛의 전파 방향을 바꾸려 할 텐데 이는 불가능할 것이 뻔하다. 그래서 우리는 빛이 물의 흐름에 끌려갈 것이 분명하다고 추정한다. 만약 물이 흐르는 과정에서의 불균형 요소를 고려하면 빛의 굴절 방향은 끊임없이 바뀔 텐데 물론 이것 또한 별개의 문제다.

Q 근시인데 물속에서 보면 모든 물체가 아주 선명하게 보인다. 광학적인 측면에서 이 현상을 어떻게 설명할 수 있는가?

먼저 사람의 시각 계통이 어떻게 물체를 볼 수 있는지 살펴보자. 눈으로 들어간 광선은 수정체의 굴절을 거쳐 망막에 도달한다. 망막에 있는 광수용체 세포(photoreceptor cell)는 빛 신호를 감지해 시신경을 통해 대뇌로 전달한다. 이렇게 해서 우리는 물체의 모습을 볼 수 있게 된다. 이를 통해 물체를 정확하게 볼 수 있는지 없는지는 수정체가 망막에 맺는 상의 질에 따라 결정됨을 알 수 있다. 근시의 원인은 수정체 형상을 조절하는 능력이 약해진 탓에 수정체를 거치며 굴절되는 광선이 너무 빨리 모여 수정체에 맺히는 상이 흐릿해진 것인데, 이때 사람의 눈이 보는 상도 흐릿해진다. 근시용 렌즈는 빛이 눈에 들어가기 전에 한 번 발산시키는 작용을 한다. 이렇게 발산된 후의 빛은 수정체를 거친 뒤에 오히려 망막에 또렷한 상을 맺도록 도와준다.

물속에서 눈을 떴을 때, 물의 굴절률이 공기보다 크기 때문에 빛이 물속에서 눈으로 들어가면서 일으킨 굴절 효과가 공기 중에서보다 작다. 이는 빛을 한 번 발산시킨 것과 같아 잘 볼 수 있게 된 것이다. 물론 이는 근시에만 효과가 있고 원시에는 정반대의 영향을 미친다.

Q | 왜 선풍기 뒤쪽으로는 바람이 나오지 않는 것일까? 또한 선풍기에 대고 말을 하면 왜 소리가 이상하게 들리는 것일까?

선풍기 뒤쪽으로도 바람이 나온다. 다만 앞쪽에 비해 훨씬 약할 뿐이다. 선풍기 날개가 빠르게 회전하면 날개 경사면이 뒤쪽에 있는 공기를 밀어내면서 직접적으로 차가운 공기를 가속시켜 앞쪽으로 부는 바람을 만드는데 이 속도는 꽤 빠른 편이다. 한편 선풍기 뒤쪽의 공기는 선풍기 날개에 의해 들어간 부분의 공기가 원래 차지하고 있던 공간을 메우려 움직이는데, 압력차로 인해 바람을 형성하지만 그 속도가 느린 편이다. 또 비교적 앞쪽에 바람이 집중되어 거의 한 방향으로 부는 것에 반해 뒤쪽 바람은 선풍기 뒤쪽 곳곳으로 불어 여기저기 분산되기 때문에 바람 세기가 그다지 강하지 않다. 만약 긴 파이프 속에서 선풍기를 튼다면 앞뒤의 풍속차가 훨씬 작을 것이다.

선풍기에 대고 말을 할 때 소리가 이상하게 들리는 이유 중 하나는 앞쪽

에 부는 바람이 우리가 말을 할 때 내뱉는 기류의 속도는 물론이고 방향에
까지 영향을 미치기 때문이다. 두 번째 이유는 구강은 공진 공동(특정한 주
파수로 전기적으로 공진하고 있는 공동 - 옮긴이)으로 정재파(定在波, 파형이 매질을
통해 더 진행하지 못하고 일정한 곳에 머물러 진동하는 파동 - 옮긴이)를 발생시키는
데 이것이 소리를 낸다. 간섭을 줄이기 위해 선풍기에 입을 갖다 대되 말을
하지는 말고 그냥 입을 작게 오므려 '우' 모양을 만들고 입을 크게 벌려 '아'
모양을 만들어 서로 다른 소리를 들어보라. 이것은 빈 맥주병 입구에 대고
입김을 부는 것과 비슷한데 입김을 내뱉는 속도와 방향, 병 입구의 크기와
깊이에 따라 들리는 소리도 다르다. 물론 바람이 너무 세서 입 모양이 제멋
대로 바뀐다면 소리는 더 이상해질 것이다.

Q 자와 지우개를 오랫동안 같이 두면 왜 서로 붙고, 붙었던 곳에
기름 같은 이물질이 생기는 것일까?

성격도 비슷하고 진심으로 사랑하는 데다 기름이 중간에서 다리
를 놨기 때문이다. 사실 자의 주재료는 폴리염화비닐(polyvinyl chloride), 폴
리스티렌(polystyrene), 퍼스펙스(perspex) 등이고, 지우개의 주재료는 폴리염
화비닐로 모두 고분자 화합물 플라스틱에 속하므로 성질이 매우 비슷하
다. 그리고 지우개가 그렇게 미끈하고 부드러우며 탄력적인 이유는 가소
제(可塑劑, 합성수지나 고무 따위의 가소성을 높이기 위해 사용하는 유기물질 - 옮긴이)
라 불리는 특수한 물질 때문이다.

생각해보라. 일반적인 고분자 화합물은 사슬이 매우 길다. 만약 그들 사
이의 상호작용이 매우 강하다면 쉽게 엉겨 긴 사슬의 상호 미끄럼을 막아

가소성에 영향을 미치게 된다. 가소제의 주된 역할은 그들 사이의 작용력을 약화시키는 것이고 화합물의 결정성을 낮춰 재료의 가소성을 높이는 역할도 하므로, 지우개를 만들 때 가소제는 필수불가결하다. 하지만 일상적으로 사용하는 에스테르류(esters) 화합물 가소제, 예를 들어 프탈레이트 에스테르(phthalate esters)는 플라스틱을 용해시킬 수 있기 때문에, 다리 역할을 잘해 자와 지우개를 하나로 붙일 수 있는 것이다.

Q | 선풍기는 왜 반시계 방향으로 회전하는가?

흥미로운 이 현상은 나사산의 방향과 관련이 있을 것이다. 공업 분야에서는 원가를 낮추기 위해 부품들을 최대한 표준화한다. 흔히 볼 수 있는 거의 모든 나사는 오른쪽으로 돌려 조이는 오른나사다. 규모 효과 때문에 오른나사의 나사산 원가는 왼나사보다 훨씬 저렴하다. 모터의 바깥쪽으로 뻗어 나간 회전축 끝이 평범한 오른나사이고 선풍기와 한 세트로 조립된다고 했을 때, 선풍기가 반시계 방향으로 회전하면 선풍기와 회전축 사이의 작용력이 둘을 더 꽉 조일 테지만 선풍기가 시계 방향으로 회전하면 나사산 연결 부위가 갈수록 느슨해질 것이다. 요즘에는 다양한 방법이 속속 등장하고 있지만 여전히 기존의 방식이 주류를 이루고 있는 것이다.

공업 부문에서 사용하는 수많은 기계는 설계 단계에서 모두 나사산의 조임 문제를 고려한다. 특히 회전과 진동이 잦은 구조일수록 더욱 그렇다. 재미있는 것은 자전거 좌우 페달에 대응하는 크랭크와 기어의 연결 부분에는 각각 왼나사와 오른나사 부품이 끼워져 있다. 이렇게 하면 어느 쪽 페달을 밟더라도 조임 부분이 느슨해지지 않는다.

하지만 예전에 불량 자전거를 구입한 적이 있다. 원가를 낮추려고 그런 것인지 아니면 처음부터 설계에 문제가 있었던 것인지 양쪽에 모두 오른나사를 사용한 탓에 탄 지 며칠 되지도 않았는데 발걸이가 떨어져 나가고 말았다.

한 가지 더 알아두면 쓸데없는 잡지식이 있다. 사실 처음에 왼나사와 오른나사의 원가와 설치 편의성 정도는 비슷했을 것이다. 하지만 그러면 상응하는 선반, 스크류, 너트 등을 함부로 매치할 수 없게 된다. 평형을 이루고 있던 상태를 어떤 부분에서 깨트리면, 예를 들어 오른나사를 쓴 선반이나 너트가 시장에 대량 유통된다면 그에 상응하는 나사못은 오른나사여야 하므로 수요가 없는 왼나사는 팔리지 않게 된다. 이대로 가면 시장은 원가를 낮추기 위해 자연스럽게 한 가지 나사만을 생산하게 된다.

생태계에도 이와 비슷한 예가 있다. 예를 들어 달팽이 껍데기의 나선 방향은 원래 왼쪽과 오른쪽 둘 다 있었지만 생식기관의 위치 때문에 껍데기 나선 방향이 같은 달팽이만이 쉽게 교배를 할 수 있었다. 이런 상황이 지속되면서 달팽이과에 속하는 모든 생물이 점차 이 점에 있어서 통일성을 이루게 되었다. 이것도 따지고 보면 대칭파괴(breaking symmetry) 아닌가?

Q 왜 순수한 물은 전기가 통하지 않고 일반 물은 전기가 통하는 것일까?

전기 전도는 일정한 수량의 대전체가 일정한 방향으로 이동함으로써 생긴다. 상온에서 물의 전리는 전부 물 분자 전리에서 비롯된다. 물의 이온곱 상수(ion product constant)는 10^{-14}으로 $c[H^+]=c[OH^-]=10^{-7}mol/L$이므로 전리도는 1.8×10^{-7}%다. 이러한 물이온의 농도는 너무 작아 거의 전기가 통하지 않는다. 순수한 물의 저항값은 10메가옴($M\Omega$)이다. 하지만 일반적으로 물속에는 불순물들이 섞여 있는데, 천연 Na^+, Ca^{2+}, Mg^{2+} 및 소독 처리를 하면서 들어온 Cl^-가 존재한다. 물 자체는 약전리 평형상태인데 강전해 양이온이나 강전해 음이온은 모두 전리 평형을 다시 이룰 수 있다. 강전해질은 전기 전도도 가능하게 만들어 물의 전해율을 증대시키기 때문에 당연히 일반 물은 전기가 통하게 된다.

설령 진짜로 순수한 물을 가져가 고압에 연결한다고 해도 일단 사람의 몸이 순수한 물에 닿으면 몸에 있는 염기와 산도 순수한 물을 오염시킬 수 있으므로 이때 전기 전도 가능성은 단순히 물의 순수성 여부에 달린 문제가 아니다.

Q | 왜 휴대전화나 카메라로 TV 화면을 찍으면 가끔 까만 줄무늬가 보이는가?

그것이 바로 전설의 무아레 무늬(Moiré pattern)다. 한마디로 공간 주파수가 비슷한 두 도안이 서로 간섭하면 훨씬 낮은 주파수(간격이 훨씬 넓은)의 도안이 나타나는 것이다. 그중 공간 주파수는 특정 무늬 간격의 역수다.

당최 무슨 소린지 모르겠는가. 사실 원리는 매우 간단하다. 예를 들어 투명한 셀로판지 두 장을 준비해 위쪽에 놓인 셀로판지에는 1밀리미터마다 한 줄씩 세로로 줄을 긋고 아래쪽에 놓인 셀로판지에는 1.1밀리미터마다 한 줄씩 줄을 긋는다. 그러면 11밀리미터마다 한 번씩 선이 겹치게 된다. 실선이 겹치는 위치 근처에 드러난 틈은 꽤 커서 밝아 보이지만 실선이 겹치지 않는 위치 근처는 드러난 틈이 작은 편이라 어둡게 보인다. 이러면 11 밀리미터를 주기로 명암이 분포해 전체적으로 봤을 때는 간격이 훨씬 큰 굵은 줄무늬처럼 보이게 된다.

　여기까지는 1차원 주기 도안이 서로 상응하는 상황에 대해서만 설명했다. 그러면 2차원 상황은 어떠할까? 아마 살면서 이중으로 겹쳐진 방충망을 뚫어지게 본 경험들이 있을 것이다. 관찰력이 뛰어난 당신이라면 원래의 세밀한 무늬 위로 간격이 훨씬 넓은 굵은 줄무늬가 보이는 것을 알아차렸으리라. 이중으로 된 방충망이 완전히 평행을 이루지 않거나 자체적으로 움직임이 있을 때, 이 줄무늬들은 구불구불 휘어져 보이게 된다. 휴대전화 카메라로 TV 화면을 찍어도 비슷한 상황을 보게 된다. TV 화면에 종횡으로 뻗은 픽셀 그리드는 첫 번째 방충망에 해당하고 휴대전화 사진기 속 CCD 센서 어레이(sensor array)는 두 번째 방충망에 해당하며, 휴대전화 액정은 세 번째 방충망에 해당한다. 그래서 휴대전화 카메라로 TV 화면을 찍으면 무아레 무늬가 있는 도안을 얻게 된다. 이밖에 각도가 벗어났을 때의 투시, 렌즈가 상을 맺을 때의 비정상적인 변화 및 화면 자체의 미세한 변형이 더해져도 구불구불한 무아레 무늬가 찍힌다.

무아레 무늬

Q 왜 찬물에는 커피를 탈 수 없는 것일까?

찬물에도 커피를 탈 수는 있다. 다만, 찬물에 탄 커피를 마시려면 꽤나 수고스러움을 겪을 수밖에 없을 것이다. 젖 먹던 힘까지 짜내서 휘젓는 일이나 죽기 살기로 흔드는 일 같은 수고 말이다.

커피를 타는 과정은 커피를 물에 용해하는 과정임을 알아야 한다. 용해에 영향을 미치는 요소는 매우 많은데 그중 하나가 온도다. 일반적으로 온도가 높을수록 용해가 빨라진다. 온도가 올라가면 분자의 열운동이 심해져 커피 분자가 물 분자 사이로 들어가기 쉬워지기 때문에 커피가 빨리 용해되는 것처럼 보인다. 찬물의 낮은 온도는 이 과정을 늦출 뿐 용해가 되기는 한다. 커피 한 봉지를 생수병에 넣은 뒤 뚜껑을 닫고 있는 힘껏 흔들면서 자세히 관찰하고 천천히 음미해보라. 뜨거운 물에 커피를 탔을 때 밑에 가라앉지 않는 것은 용해도와 관련된 문제다. 용해도는 일정한 온도에서 물 100그램에 최대로 녹을 수 있는 용질(커피)의 최대량(g)이다. 용해 후에 침전물이 생기게 하고 싶다면 용제가 포화(최대 용해도)상태에 도달한 뒤에 다시 용질(커피)을 넣으면 된다. 그래야 용질(커피)을 석출할 수 있다.

Q 물수제비를 만들 때 왜 돌이 곧바로 물속으로 빠지지 않는 것일까?

이는 물의 작용력 때문이다. 마치 파도처럼 돌멩이가 빠르게 전진 운동을 할 때 물이 돌멩이가 위로 뜨게 하는 분력을 주기 때문에 일시적으로 가라앉지 않게 해주는 것이다. 물수제비를 만들 때 중요한 것은 띄우기다. 결국 돌멩이가 수면 위에서 통통 튀면서 파도타기를 하는 것이나 다

름없다. 물수제비의 성공 여부를 결정하는 데 영향을 미치는 요소는 형상, 각도, 속도, 안정성 이 네 가지다.

일단 물수제비를 만드는 데 쓸 돌멩이는 서핑보드처럼 납작해야 한다. 그래야만 물이 밀어 올리는 힘을 충분히 받을 수 있을 만큼 돌멩이와 수면의 접촉 면적이 커진다.

다음으로 수면을 향해 던진 납작한 돌멩이가 수면과 일정한 경사각을 이루어야 한다. 마치 서핑보드 앞쪽이 살짝 위로 들려 이루는 경사각과 같은데, 이것을 받음각이라고 한다. 받음각이 있는 까닭에 돌멩이가 전진 운동을 할 때 수면이 돌멩이가 위로 뜰 수 있도록 분력을 생성시키는 것이다. 받음각은 약 20도 정도가 적당하다. 받음각이 너무 작으면 수직 방향의 분력이 부족해 위로 뜨기 어렵고 받음각이 너무 크면 수평 방향의 저항이 너무 커 속도가 급격히 느려지게 된다.

Q │ 왜 간유리에 테이프를 붙이면 투명해지는가?

간유리가 투명해지는 원리를 이해하려면 먼저, 투과는 되는데 투시는 안 되는 이유를 알아야 한다. 간유리는 불투명유리라고도 하는데 한쪽 면이 거칠게 갈린 것이 특징이다. 갈린 표면은 보통 유리처럼 매끄럽지 않고 거칠다. 만약 주변에 간유리가 있다면 손으로 만져보라. 보통 유리와 어떻게 다른지 확실히 알 수 있을 것이다. 바로 이 거친 표면 때문에 투과는 되는데 투시는 안 되는 것이다.

반사에 대해 알고 있다면 정반사(거울반사)와 난반사, 이 두 가지 상대적인 개념의 단어를 들어봤을 것이다. 거울 표면은 평평하고 매끄럽다. 그래서 정반사가 반사한 광속(光束, 어떤 면을 단위시간에 통과하는 빛의 양 - 옮긴이)은 매우 질서정연하다. 난반사의 반사면은 거칠기 때문에 반사 광선이 엉망진창 사방으로 뻗치는데, 이 엉망진창 무질서한 반사 광선이 눈에 들어오면 그것이 반사한 물체가 무엇인지 알 수가 없다. 그래서 거울은 거친 간유리가 아닌 매끄러운 유리로 만든다. 투과는 되는데 투시는 안 되는 원리는 이와 비슷하다. 광선은 간유리를 투과할 수 있는데 간유리의 갈린 면은 경계면이 불규칙하기 때문에 굴절 광선이 엉망진창이라서 간유리 너머에 있는 물체를 명확하게 볼 수 없는 것이다. 이렇게 두루 퍼뜨리는 효과를 파괴하려면 거친 유리 표면을 매끄럽게 만들어야 한다. 방법은 굴절률이 비슷한 물체로 울퉁불퉁한 표면을 메워 매끄럽게 만들면 된다. 석영유리의 굴절률은 1.46으로 1.33인 물의 굴절률과 비슷해 간유리 표면에 물만 뿌려도 유리가 투명해진다. 그래서 욕실에 간유리를 사용할 때는 갈린 면이 바깥쪽으로 향하게 한다. 만약 간유리의 갈린 면에 테이프를 붙이면 테이프의 아교가 갈린 면을 채워 표면이 매끄러워진다. 이렇게 해도 투시 효과를 볼 수 있다. 그러고 보면 간유리를 썼으니 이제 사생활 침해는 걱정 없겠다고 안심해서는 안 될 것 같다.

Q | 왜 눈이 내리고 나면 고요한 느낌이 들까?

평소 이러한 의문을 갖고 있는 사람이라면 분명 관찰력이 뛰어난 세심한 사람일 것이다. 눈송이는 흔히 볼 수 있는 물의 물질상태 중 하나다. 인류는 오래전부터 눈송이에 대한 연구를 해왔고 상당한 성과를 보였다. 눈송이는 매우 가벼워 하늘에서 땅으로 흩날린다. 또한 눈송이는 오만가지 이상한 형상을 하고 있고 팔랑팔랑 흩날리며 내려오기 때문에 빈틈없이 빽빽하게 쌓이지 못하고(사람이 밟은 자리와 차바퀴가 밟은 곳은 예외) 사이사이에 구멍이 숭숭 뚫리고 덥수룩한 상태로 쌓일 수밖에 없다.

다음으로 소리의 흡수에 대해 살펴보자. 소리의 파동은 기계파로 공기의 진동으로 전파된다. 그런데 공기의 이러한 진동이 가장 꺼리는 것이 바로 구멍이 숭숭 뚫리고 덥수룩하며 비탄성 변형이 발생하기 쉬운 물질(예를 들어 스펀지)과 만나는 것이다. 소리가 이렇게 작은 구멍들 안으로 전달되면 에너지를 모두 소모할 때까지 계속 반사하고 극히 일부분만 구멍 밖으로 빠져나가 전파된다. 시중에서 유행하는 스펀지 방음패드도 이와 비슷한 원리를 이용했다. 눈이 내릴 때 고요해지는 것도 이 때문이다.

흡음에 관해서는 이 밖에도 할 말이 굉장히 많지만 여기에서는 간단하게 살펴보기만 하겠다. 우리 주변에는 회의실, 뮤직홀처럼 흡음 처리가 필요한 곳이 적지 않다. 이러한 장소에서는 위에서 언급한 다공 흡음 외에도 상당히 다양한 흡음 원리를 활용해 소리를 흡수하고 있다. 그중 흔히 활용하는 원리가 공진 흡음이다. 특정한 주파수의 소리를 흡수해야 하는 장소에서는 고유주파수가 흡수해야 하는 소리의 주파수와 비슷한 재료를 사용할 수 있다. 그러면 이 주파수의 소리가 재료에 전달될 때 흡음 재료가 공진을 일으켜 소리를 흡수한 다음에 흩어지게 한다.

Q 온풍기 겸용 에어컨은 어떻게 차가운 바람과 뜨거운 바람 두 종류의 바람을 모두 내보낼 수 있는가?

에어컨은 물리적인 일을 통해 저온의 열원으로부터 열을 흡수해 고온의 열원에 열을 전달하는 대표적인 열펌프다. 그 작동 원리는 순환과정에서 작업 물질이 저온 구역에서 기화하며 열을 흡수한 뒤, 고온 구역에서 액화하며 열을 방출함으로써 열이 저온에서 고온으로 흐르게 하는 것이다.

에어컨은 크게 압축기, 팽창밸브, 실내기, 실외기로 구성된다. 냉각과정에서 압축기가 저압의 기체를 압축해 실외기로 보내면 기체는 액화되면서 열을 방출해 고압의 액체상태가 되었다가 다시 팽창밸브를 통과하면서 저압의 액체가 된다. 그다음 작업 물질이 실내기를 거치며 기화해 열을 흡수하며 저압의 기체로 변해 다시금 압축기로 들어가며 순환을 완성한다. 작업 물질은 이 같은 순환과정을 반복하면서 실내 온도를 낮추는데 이때 실내기는 증발기고 실외기는 응축기다. 반대로 난방을 하려면 작업 물질을 반대 방향으로 순환시키기만 하면 된다. 작업 물질의 순환 방향을 바꾸는 것은 사방밸브라는 부품을 통해 이루어진다. 이때 실외기는 증발기, 실내기는 응축기가 된다.

에어컨의 작업 효율은 열역학 제2법칙에 의해 결정되어 실내외 온도차가 클수록 냉방(난방) 효율이 낮아진다. 그러니까 여름에는 희망온도를 1~2도 정도만 높이고 겨울에는 1~2도 정도만 더 낮춰 전기도 아껴 쓰고 비용도 절감하는 것이 어떤가?

Q | 물보라는 왜 흰색일까?

먼저 물과 바다에 대해 알아보자. 물은 무색투명하지만 바다는 파란색이다. 왜 바다는 파란색일까? 바로 바닷속에서 레일리 산란(Rayleigh scattering, 산란을 유발하는 입자의 크기가 매우 작아 빛의 파장보다도 작을 때 일어나는 산란-옮긴이)이 발생하기 때문이다. 그렇다면 물보라는 왜 흰색인지 궁금할 것이다. 먼저 물보라는 사실 파도가 부서진 것이다. 파도가 부서질 때 공기가 조금 말려 들어가 물에 기포가 더해져 물보라가 이루어진다. 이 기포들은 물보라의 색깔에 매우 중요한 영향을 미치는데, 기포의 표면은 막성(膜性)으로 위쪽의 작은 물방울은 하나하나가 마치 프리즘과 같다. 빛이 물보라 위를 비출 때, 물보라 표면에서 여러 차례 반사와 굴절이 일어나 결국 빛이 여러 방향에서 반사되어 나오게 된다. 각 색깔의 빛 반사 확률은 똑같기 때문에 물보라는 우리가 익히 알고 있는 흰색을 띠는 것이다.

Q | 온도가 같은 환경에 놓여 있는 물건이라도 만졌을 때 느껴지는 온도는 서로 다르다. 그 이유는 무엇일까?

열역학 제0법칙에 따라 한 물체 A와 각각 열평형상태에 있는 두 물체 B와 C도 서로 열평형상태(thermal equilibrium)에 있다. 즉 두 물체의 온도는 같다. 수많은 실험에서 이 법칙이 참임이 증명되었다. 그렇다면 왜 같은 환경에 있는 두 물체를 만졌는데 느껴지는 온도가 서로 다른 것일까? 틀림없이 만지는 과정에 뭔가 문제가 있는 것이다.

정확하게 말하자면 측량 방법의 문제다. 물리량을 측량하는 원칙 중 하나는 측량 대상에 미치는 영향을 최소화하는 것이다. 어떤 물체를 만져서 온도를 측정하는 방법은 대개 이 원칙에 어긋난다. 예를 들어 겨울에 실외에서 나무토막과 쇳덩이를 만졌다고 해보자. 손의 온도는 꽤 높은 편이라 나무토막의 온도를 느낄 때는 사실 손의 온도에 가열된 나무토막의 온도를 느끼게 된다. 손으로 쇳덩이를 만질 때도 이와 같은 원리가 적용된다. 나무토막을 만질 때와 쇳덩이를 만질 때의 느낌이 다른 이유는 열전도 능력이 다르기 때문이다. 쇳덩이의 탁월한 열전도 능력은 열이 손과 맞닿은 부분으로 전해지자마자 다른 부분으로 끌려가게 만든다. 이와 달리 나무토막은 열전도 능력이 떨어져 흡수한 열이 나무토막과 손이 닿은 부분에 축적되기 때문에, 나무토막을 만질 때는 좀 더 따뜻하게 느껴지는 것이다. 정리하자면 두 물체가 온도가 동일한 환경에 놓여 있더라도 손이 두 물체에 미치는 영향이 각기 다르므로 각각의 물체를 만졌을 때 느껴지는 온도 또한 다르다.

온도를 정확하게 측량하려면 온도계를 사용해야 한다. 온도계도 측량 대상이 되는 물체에 영향을 미칠 수 있지만 온도계 자체가 제공하는 열이 매우 적기 때문에 측량 대상에 미치는 영향도 크지 않다. 그러므로 온도계로 측량한 온도가 물체의 진정한 온도라고 생각해도 무방하다.

Q 구름의 정체는 무엇인가? 보통 흰 구름은 비를 뿌리는 경우가 드문데 왜 먹구름은 대체로 비를 뿌리는가?

구름의 물리적 본질은 공중에 떠있는 작은 물방울과 얼음 결정들이다. 수많은 작은 물방울과 얼음 결정들이 한곳에 무리지어 있는 것의 윤곽이 우리 눈에 보이는 것인데, 그 안쪽에서는 끊임없이 운동과 변화가 일어난다.

여름에는 하늘에 먹구름이 잔뜩 끼더니 금세 소나기가 내리고, 잠시 뒤에 비가 그치고 날이 개면 먹구름 대신 흰 구름이 떠다니는 광경을 자주 보게 된다. 그 원인을 살펴보면 이러하다. 먼저 고온 때문에 지면의 물이 공중으로 증발한다. 그런데 상층은 온도가 낮은 편이라 공기 중의 수증기가 응결핵(예를 들어 미세입자나 먼지 따위)을 둘러싸면서 작은 물방울이 형성된다. 그 작은 물방울들의 응집체가 우리 육안으로 관찰되는 것인데 그게 바로 흰 구름이다. 수증기가 계속 모이면서 물방울이 점점 커지면 흰 구름이 먹구름으로 바뀐다.

그렇다면 왜 물방울이 커지면 흰 구름이 먹구름으로 바뀌는 것일까? 물방울의 지름은 미크론(μ) 단위라서 입자의 크기가 입사광 파장(육안으로 관찰할 수 있는 것이 400~760나노미터 정도임을 고려했을 때)보다 10배나 크므로 이 문제는 미 산란(Mie scattering)이론으로 설명해야 한다. 미 산란이론에 따르면 빛의 세기와 입자 크기는 반비례하므로 물방울이 커질수록 빛의 세기는 작아진다. 다시 말해 어두워진다는 말이다. '하늘이 어두워지면 비가 온

물방울 크기

다'는 말도 먼지와 물방울들이 한데 모여 발생하는 이 현상에서 비롯된 말
이다.

Q 펜을 굴리면 처음에는 앞으로만 굴러가다가 앞뒤로 몇 번 왔다
갔다 한 다음에 멈추는 경우를 볼 수 있다. 이때 펜은 어떤 힘을
받는가?

이론적으로 계산해보면, 만약 펜대가 엄격하게 말해 원기둥 모
양(무게중심이 가운데에 있음)이고 탁자 표면도 반듯하다고 한다면(반듯하다는
것이 미끄럽다는 말은 아니다. 마찰력은 여전히 존재한다. 안 그러면 펜이 끝없이 굴
러갈 테니까) 펜대는 몇 번 앞뒤로 왔다 갔다 한 다음에 멈추는 것이 아니
라 바로 멈출 것이다. 뉴턴 역학에 따라 그렇게 된다.

따라서 '펜대가 몇 번 앞뒤로 왔다 갔다 한 다음에 멈췄다'면 펜대의 무
게중심이 한가운데가 아니거나 탁자 표면에 아주 미세하게 울퉁불퉁한 부
분이 있거나, 그도 아니면 둘 다일 것이다. 펜대는 대체로 원기둥 모양이
라 탁자 표면과의 접촉 면적이 매우 작은 까닭에 앞서 언급한 두 가지의 영
향에 민감하다. 또 펜대가 마지막으로 멈춘 곳은 분명 위치에너지가 가장 낮
은 곳(무게중심이 가장 낮은 곳)일 것이다. 그래서 일반적으로 펜대는 앞뒤로 몇
번 왔다 갔다 하면서 자신의 위치를 조정해 최종적으로 외력과 내력이 평형
조건을 만족하고 위치에너지가 작아지는 상태인 안정 평형 위치를 찾는다.

이 밖에 우리가 반복해서 실험한 결과, 일반적으로는 첫 번째 원인이 주
요 원인이었다. 즉 펜대의 무게중심이 한가운데가 아닌 까닭에 이런 상황
이 발생했다. 물론 여러분 스스로 실험을 해봐도 된다. 방법은 매우 간단

하다. 펜대에 표시를 한 뒤 몇 번 굴려보면서 펜대가 최종적으로 멈추는 곳이 매번 같은 곳인지 확인해보라.

Q │ 물방울이 얕은 물속으로 떨어지면 작은 이슬방울이 생기는 이유는 무엇인가?

이것이 바로 반기포라는 것이다. 기포는 액체가 기체를 감싸서 생기는 것이지만, 반기포는 이와 반대로 기체가 액체를 감싸면서 생긴다. 액체방울 주위의 공기층이 액체 속으로 들어갈 때, 액체방울과 액체는 곧바로 섞이지 않고 잠시 원래의 상태를 유지하다가 주위의 기체가 그 안의 액체방울을 가로막아 반기포를 형성한다. 이것이 액체 표면에 나타났을 때, 공기층이 효과적으로 차단시킨다면 액체방울도 곧바로 액체와 섞이지 못하고 표면 위에서 몇 번 데굴데굴 구르는데, 아마 이것이 앞의 질문에서 표현한 작은 이슬방울일 것이다.

표면장력을 낮추는 것이 반기포를 만드는 효과적인 방법 중 하나라고 말할 수 있다. 표면장력은 표면을 팽팽하게 만들어 축소시키려 한다. 그런데 표면장력을 낮추면 표면이 변형되기 쉬워져 공기가 쉽게 끼어들 수 있다.

Q │ 왜 자석은 고온으로 가열하면 자성을 잃는가?

자석은 아주 작은 자석(자기 능률 또는 자기 구역)들로 이루어져 있다. 다음과 같은 2개의 힘이 있다고 상상해보라. 하나는 작은 자석 사이의 힘으로, 작은 자석의 방향이 같을 때는 에너지가 낮기 때문에 2개의 작은 자석 사이에는 상대가 자신과 동일 방향으로 향하게 하는 힘이 있다. 또 하나의 힘은 열운동의 힘이다. 온도가 높을수록 작은 자석의 운동은 더 격렬해지고 한 방향으로 향하지 않고 흐트러지려고 한다. 전자는 자석 전체가 자화하는 데 유리하지만 후자는 자석 전체의 자성을 파괴한다. 만약 절대 영도에서 후자가 없다면 모든 작은 자석이 상호작용해 일정한 방향으로 배열되고 자석 전체도 자성을 띠게 된다. 절대영도보다 높으면서 특정 온도 이하라면 작은 자석이 열운동의 힘을 가지고 있기는 하지만 배열에서 완전히 이탈하게 할 만큼 온도가 높은 것은 아니라 작은 자석 사이의 상호작용과 열운동의 영향으로 자석 전체가 같은 방향으로 자화한다. 그러나 특정 온도를 넘어서면 자기 쌍극자 모멘트가 완전히 배열을 이탈할 수 있는 힘을 얻게 되어 자석 전체가 일정한 방향을 향하지 않고 무질서한 상태에 놓이게 된다. 이 특정 온도를 물질이 자성을 잃는 온도, 즉 퀴리 온도(Curie temperature)라고 한다.

Q 온수기에서 나오는 물의 온도를 35도로 설정했다고 하자. 그런데 사용 중에 잠시 잠갔다가 다시 틀었을 때는 물의 온도가 33도에서 37도로 바뀌었다가 다시 35도로 변한다. 왜 그런 것일까?

우리도 온수기를 처음 사용했을 때 똑같은 의문을 가졌다. 사실이는 이상적인 조건과 실제 상황이 다름을 보여주는 매우 전형적인 사례다. 이상적인 상황에서의 결론으로 실제 현상을 설명하면 어느 정도 편차가 발생하기 마련이다. 먼저 온수기가 차가운 물을 데우는 원리를 알아보

자. 온수기는 물탱크(설명의 편의를 위해 1개의 물탱크만 있다고 가정하자.), 입수관, 출수관, 가열장치(히터 등)로 이루어진다. 온수기가 정상 가동될 때, 물탱크로 흘러 들어간 냉수가 가열장치에 의해 데워지면 출수관을 통해 온수가 흘러나온다. 이 전 과정이 단시간 동안 동태 균형(dynamic equilibrium)을 이루고 가열장치의 열은 냉수가 지속적으로 가져가 항상 일정한 온도를 유지하는 온수를 쓸 수 있게 되는 것이다.

그런데 갑자기 출수구를 닫으면 이 균형이 깨지게 된다. 물탱크 안으로 더 이상 냉수가 보충되지 않는 상황인데도 가열장치는 곧바로 가열을 멈추지 않고 계속 물을 데운다. 전기를 끊어도 가열장치의 온도는 설정온도보다 높기 때문에 이 남는 열이 물탱크 안에 있는 물을 계속 데워 결국 물의 온도가 설정온도보다 높아지게 되는 것이다. 그래서 온수기를 다시 틀면 먼저 출수관에 남아 있던 냉각된 물이 나오고, 그다음에 물탱크에 남아 있던 과열된 물이 나오며, 그다음에 이제 막 물탱크에 들어와 아직 가열되지 못한 물까지 나오고 나서야 설정된 온도의 온수가 나오게 된다. 온수기의 물 온도가 이랬다저랬다 하는 이유는 바로 이 때문이다.

Q | 왜 음속을 돌파하면 음속폭음이 발생하는가?

물체가 공기 중에서 운동할 때, 사실상 물체는 전방에 있는 공기를 압축하면서 움직이는 것이라 이른바 충격파를 형성한다. 충격파는 음속으로 공기 중에서 전파되는데 물체의 운동속도가 음속을 돌파하면 압축된 공기가 물체 전방에 쌓여 엄청난 저항을 만들어낸다. 그러면 물체가 운동할 때 발생하는 충격파의 파원이 마하 원뿔(Mach cone)이라 불리는 원뿔면 위에 분포하게 된다. 이 원뿔면에서 공기의 단위면적당 압력과 밀도 등 변수가 모두 크게 변하는데 충격파 파면이 귀를 통과할 때 귓속의 고막이 이런 압력의 변화를 느껴 엄청난 굉음을 듣게 된다. 이것이 바로 음속폭음 이다. 사실 매질 속에서 전하를 가지고 있는 대전입자의 속도가 매질 속 빛의 속도보다 빠를 때도 비슷한 현상이 발생하는데, 이것이 바로 체렌코프 방사선(Cherenkov radiation)이다.

Q │ 왜 레이저 반점은 수많은 미세한 광점처럼 보이는 것일까?

매의 눈으로 레이저 스페클(laser speckle) 현상을 발견한 것을 축하한다. 근본적으로 이것은 빛의 간섭 효과다.

레이저는 단색성과 간섭성이 우수하다. 레이저 빔을 물체의 거친 표면에 쏘면 울퉁불퉁한 곳에 닿은 빛이 다시 눈으로 반사되는데, 이때 미세한 광로차(optical path difference, 두 빛의 경로차 - 옮긴이)가 있다. 그래서 광파가 상호간섭을 일으키는데 보강간섭(constructive interference, 같은 위상의 두 파동이 중첩될 때 합성파의 진폭이 2배로 커지는 현상 - 옮긴이)과 상쇄간섭(destructive interference, 반대 위상의 두 파동이 중첩될 때 마루와 골이 만나서 합성파의 진폭이 0이 되는 간섭 - 옮긴이)이 섞여 명암이 분포된 반점을 형성하게 된다. 여기에서 '거칠다'고 한 것은 빛의 파장(수백 나노미터)에 비해서 그렇다는 것이다. 이와 유사하게 레이저 빔이 표면이 거친 유리(예를 들어, 욕실 간유리)를 투과할 때도 뒤쪽에서 미세한 레이저 스페클을 관찰할 수 있다.

이 정도는 단순하니까 좀 더 파고들어 흥미로운 지식을 알아보자. 반사면 또는 투과면이 불규칙적으로 울퉁불퉁하다면 스페클도 딱히 규칙적이지 않다. 그런데 만약 빔이 닿는 투명판에 의도적으로 도안 P를 만든다면 우리가 쏜 수많은 빛줄기가 상호간섭해(사실은 회절임) 특정 도안 P′를 만들게 된다. 이 둘은 푸리에 변환으로 연결할 수 있다. 장난감 레이저 펜 끝에 새겨진 도안, 멋진 홀로그램 등은 모두 이 원리와 관련이 있다.

가장 간단한 예가 있다. 거울 위에 줄을 긋거나 머리카락 한 올을 올려두고 거울 면에 레이저 빔을 쏴서 그 빛이 벽에 반사되게 해보라. 그러면 명암이 서로 엇갈리고 가지런히 배열된 단일 슬릿 회절(singlet slit diffraction)을 쉽게 확인할 수 있다. 운 좋게 동그란 구멍이나 미세한 먼지를 비추게 되면 뉴턴의 고리(Newton's ring)와 비슷한 동심원들이 벽면에 줄줄이 비치게 된다. 평범한 레이저 펜이라고 무시하지 마라. 집에서 실험해도 위험하지 않으니 직접 실험해보라. 한 가지 더 알려주자면, 파장이 길수록 회절 효과가 뚜렷하니 녹색이나 보라색보다는 빨간색 레이저 빔이 이 현상을 관찰하는 데 더 적합하다.

Q 실리콘을 대신해 차세대 마이크로 전자산업의 발전을 이끌 소재는 무엇인가?

가공 기술이 발전하면서 실리콘 소재는 앞으로도 꽤 오랜 시간 동안 마이크로 전자산업 분야에서 각광받는 소재가 될 것이다. 또한 실리콘 소재의 가공 공정이 이미 상당한 수준에 이르렀기에 다른 소재가 실리콘을 대체하기란 쉽지 않을 것이다. 현재 신소재를 연구하는 목적은 실리콘을 대체하기 위해서가 아니라 다양한 분야의 니즈를 충족시킬 수 있는 더 우수한 성능의 소재를 찾기 위해서다.

각각의 소재는 모두 나름의 독특한 성능을 가지고 있다. 어디에나 쓸 수 있는 만능 소재가 없는 지금, 우리는 그저 적재적소에 필요한 신소재를 적용해 장점을 극대화시키고 단점을 보완할 수밖에 없다. 예를 들어 꿈의 신소재로 각광받는 그래핀(graphene)은 실리콘보다 전자 이동도가 높고 전도율이 높으며 유연하고 투명하기 때문에 TCO(Transparent Conductive Oxides, 투명전도막) 분야에서 잠재적 응용 가치가 있다. 하지만 그래핀도 완벽하지는 않은데 온/오프 전류비가 매우 낮아 논리 장치에는 사용할 수 없다는 점이다. 또 다른 예로 새로이 주목받는 유사 그래핀 2차원 반도체 소재는 그래핀에 비해 전자 이동도는 높지 않지만 광전도 성능이 매우 독특해 단일 광자 레이저 등 광전소자 연구에서 굉장히 중요하다. 정보화 사회는 다원화 사회이고 소재도 다원화되고 있다. 수많은 소재가 서로 시너지 효과를 내 사회 발전에 기여하도록 하는 것, 이것이 가장 중요하다.

Q 거울 2개를 180도보다 작은 각을 이루게 두고 그 사이에 물체 하나를 두었을 때, 거울에 맺히는 상이 2개보다 많은 이유는 무엇인가?

거울 2개가 3개의 허상을 만들기 때문이다. 왼쪽, 가운데, 오른쪽에 있는 3개의 허상을 각각 상 1, 상 3, 상 2라고 표기하고 왼쪽과 오른쪽에 있는 거울 2개를 각각 거울 1, 거울 2라고 표시하자. 이 현상은 다음과 같이 설명할 수 있다. 물체는 두 거울에 각각 2개의 허상(상 1과 상 2)을 만들어낸다. 그런 다음 상 1이 거울 2에, 상 2가 거울 1에 각각 허상을 만들어낸다. 이 2개의 허상은 서로 겹쳐져 상 3을 만들어낸다. 상 3은 다시 거울 1과 거울 2에 상을 맺지만 새로운 상과 기존의 상이 모두 겹치게 된다. 그래서 최종적으로는 두 거울에 3개의 상만 맺히게 되는 것이다.

아마 허상이 어떻게 거울에 맺히게 되는지 궁금할 것이다. 물리적 과정을 돌아보면 이러하다. 물체가 반사한 빛이 거울 1의 반사를 거쳐 상 1을 형성하는데 거울 2의 입장에서 보면 반사광은 상 1의 자리에 놓인 물체가 내보내는 빛과 완전히 같기 때문에 거울 1의 반사광은 다시 거울 2를 거쳐 반사되어 상 3을 만들어낸다. 그런데 상 3의 위치는 바로 상 1의 위치에 놓인 물체가 거울 2를 거치며 만들어낸 허상의 위치다. 쉽게 설명하자면, 광로를 그렸을 때 상 1과 상 3이 거울 2의 거울 면과 대칭을 이룬다는 사실을 알 수 있다. 그러니까 상 3은 상 1이 거울 2에 맺힌 허상이다. 일반적으로 협각이 360으로 나누어떨어지면 허상의 개수는 (360/도수) - 1이니 나누어 떨어지지 않는 상황을 스스로 생각해보라.

상상 속의
1분 물리학

Q │ 가장 효과적으로 우산 쓰는 법을 계산할 수 있을까?

　　가장 효과적으로 우산 쓰는 법은 아주 쉽게 계산할 수 있다. 우산 면이 빗방울의 운동 방향과 최대한 수직을 이루는 방법을 생각하면 된다. 비의 가로 속도에서 여러분이 운동하는 가로 속도를 빼면(벡터 빼기) 여러분에 대한 비의 가로 속도를 얻을 수 있다. 이 가로 속도와 빗방울이 수직으로 떨어지는 속도의 비율이 빗방울과 지면 끼인각의 코탄젠트(cot θ) 값이다. 여기에서 역코탄젠트 함수를 적용하면 원하는 값(끼인각)을 얻을 수 있다. 우산을 비가 내리는 방향으로 기울이면 이 각이 바로 기울인 우산과 지면의 끼인각이다.

Q │ 빛은 어떻게 항상 가장 짧은 경로로 움직이며, 그 경로가 가장 짧다는 사실은 어떻게 아는 것일까?

　　이것을 페르마 원리(Fermat's principle)라고 하는데, 정확하게 말하자면 '빛의 경로는 항상 범함수 극값(1차 범함수 미분은 0)'이다. 문제는 빛이 어떻게 이 경로가 극값임을 아느냐는 것이다(이 경로는 항상 최단 경로이지만 어떤 경우에는 최장 경로이기도 하다. 이러나저러나 극값인 것이다).

　그렇다면 빛도 의식이 있는 것일까? 빛이 의식이 있을 리 없다. 페르마의 원리는 국부적인 이론이 아니며 '이전 순간의 물리상태가 다음 순간의 물리상태를 결정한다'라는 식의 이론이 아니라는 점에서 좀 짜증스러운 구석이 있다. 페르마의 원리는 전체를 아우르는 이론이다. 마치 빛이 이미 수많은 경로를 다 가본 끝에 가장 짧은 경로를 선택하는 것처럼 말이다.

하지만 이는 사실에 가깝다. 양자역학에 경로 적분(path integral)이라는 것이 있다. 빛이 운동할 때 모든 가능한 경로를 다 거쳐 간 다음, 각각의 경로가 상호간섭해 중첩, 상쇄되어[슈뢰딩거의 고양이 같기도 하고 광학의 프레넬(Fresnel) 원리 같기도 하다.] 최종적으로 이 빛의 실제 경로를 얻는다는 것이다. 반면에 고전역학적 극한, 다시 말해 플랑크 상수가 0으로 가는 극한에서 범함수(functional) 극값이 아닌 경로는 빠르게 상쇄 간섭으로 소멸하고, 마지막으로 1차 범함수 미분이 0인 극값 경로만 남게 된다.

Q 광속이 불변의 상수라면 왜 300,000km/s처럼 기억하기 쉬운 숫자가 아닌 299,792,458m/s를 사용하는가?

먼저 물리학의 기원부터 살펴보자. 수천 년 전 사람들은 최초의 물리량 2개를 정의했는데, 길이와 시간이 그것이다. 길이와 시간을 정의하고 나니 자연스럽게 속도를 정의할 수 있었다. 역학이 발전하자 가속도, 힘, 운동량이 의미를 얻었다. 그 후로 물리의 지식 수준이 향상되면서 전류, 전압, 인덕턴스, 유전율, 자기화율 등 수많은 물리량을 정의할 수 있었다.

이처럼 긴 서두로 말문을 연 이유는 이제부터 말할 내용을 이해하는 데 필요하기 때문이다. 물리량은 순차적으로 출현했다. 나중에 출현한 물리량은 단위를 고를 때 반드시 기존에 있던 물리량의 단위 습관을 따라야 했다. 그렇지 않으면 혼란을 불러오기 때문이었다.

길이를 측정하는 기본단위는 '미터(m)'로 처음에는 파리를 통과하는 지구 자오선 길이의 1/40,000,000을 1미터로 정의했다. 그리고 시간의 단위인 '초'는 지구가 한 번 자전하는 데 필요한 시간(하루)의 1/86,400로 정의했었는데, 이는 24시간×60분×60초=86,400이라는 식에서 얻은 결론이었다.

인류는 17세기부터 광속을 측량하기 시작했는데 19세기에 이미 오늘날의 측량값에 근사한 값을 측량했다. 1862년 장 푸코(Jean Bernard Léon Foucault)가 실험을 통해 측량한 광속은 298,000km/s였다.

비슷한 시기, 영국의 물리학자 제임스 맥스웰(James Clerk Maxwell)은 맥스웰 방정식을 발표하며 전자기이론 법칙을 세우고 전자기파의 진공 속 전파속도가 진공에서의 유전율과 투자율 곱의 제곱근의 역수임을 증명했다. 그는 이 속도와 광속이 놀라울 정도로 일치함을 발견하고 빛도 전자기파라고 단언했는데 이 부분은 훗날 사실로 증명되었다.

역사 수업은 이것으로 가름하고 다시 문제로 돌아가보자. 그렇다면 광속값은 정의할 수 있을까? 할 수 있다. 광속은 진공에서의 유전율과 투자율 곱의 제곱근의 역수라고 정의할 수 있다.

그렇다면 왜 광속을 300,000km/s라고 하지 않고 굳이 299,792,458m/s라고 복잡하게 정의했을까? 왜냐하면 299,792,458m/s는 원래 길이 시간 단위 제도하에서의 실제 측량값이기 때문이다. 광속을 300,000km/s라고 정의할 수도 있지만, 그러면 이미 사용하고 있는 물리량 단위 습관과 충돌하게 된다. 하지만 광속은 이론으로 유도해낼 수 있는 양이지 완전히 독립적인 실험측량값이 아니므로 이 모순은 어떻게 해결해야 할까?

이론적으로 유도한 결론이 알려주는 바는 '진공에서 유전율, 투자율, 광속, 이 셋 중 2개만이 독립적'이라는 사실이다. 결론을 얻었으니 이제 고민할 필요가 없다. 이후 출현하는 물리량은 먼저 출현한 물리량의 습관을 그대로 따르면 된다.

덧붙이는 말|

국제표준단위를 더 정확하고 엄격하게 정의하기 위해 1983년 지구 자오선 길이에 의존하던 낡은 방식을 버리고 미터를 '빛이 진공에서 1/299,792,458초 동안 진행한 경로의 길이'로 바꿨다. 1초의 정의도 정확성을 보장할 수 있도록 '세슘-133 원자의 바닥상태에 있는 두 초미세 준위 사이의 전이에 대응하는 복사선의 9,192,631,770주기의 지속 시간'으로 바뀌었다.

Q | 태풍의 눈에 원자폭탄을 던지면 어떻게 될까?

큰 영향은 없을 것이다. 원자폭탄의 충격파 범위라고 해봐야 10여 킬로미터밖에 되지 않는다. 크기가 큰 태풍의 눈은 지름이 20~30킬로미터에 달하는 경우가 흔하며 바깥 둘레가 수백에서 수천 킬로미터에 달하는 사이클론은 더 말할 필요도 없다. 원자폭탄은 태풍의 눈조차 가득 채울 수 없다.

그렇다면 어마어마하게 큰 원자폭탄과 크기가 아주 작은 태풍이 있다고 가정해보자. 먼저 태풍의 눈은 지표의 저기압 중심이다. 대기는 사방팔방에서 태풍의 눈으로 흘러 들어간 뒤, 태풍의 눈 둘레에서 고공으로 솟구친다. 그곳에 원자폭탄을 떨어뜨리면 원자폭탄이 방출한 대량의 열이 태풍 중심의 기압을 잠시 동안 끌어올린다. 그러면 그 시간 동안 태풍의 힘이 약해진다. 하지만 그래봐야 아무 소용이 없다. 뜨거운 공기가 상층 대기 쪽으로 빠르게 솟구쳐 지표의 저기압을 격화시키는 바람에 머지않아 더 센 태풍이 발생할 테니 말이다.

결론은 원자폭탄은 태풍에 아무런 영향도 미칠 수 없다. 달걀로 바위 치기란 말이다. 소행성을 떨어뜨린다면 뭔가 달라질 수도 있겠지만 말이다.

Q 물이 뜨거운 것은 물 분자가 격렬하게 운동하는 탓인데, 그렇다면 물을 세게 저어도 왜 뜨거워지지 않는 것일까?

물의 비열은 $4.2 \times 10^3 J/(kg \cdot \degree C)$이다. 물 200밀리리터를 20도에서 100도로 올리는 데 필요한 에너지는 얼마일까? 답은 67,200줄(J)이다. 이 정도 에너지면 보통 성인을 수직으로 100미터 높이까지 들어 올릴 수 있다. 물을 저을 때 발생한 에너지가 전부 물의 열량으로 변한 것은 맞지만 안타깝게도 양이 적어도 너무 적다.

Q 만약 제어불능상태가 된 엘리베이터가 자유 낙하 운동을 한다고 했을 때, 엘리베이터 안에 타고 있는 사람이 엘리베이터가 지상에 떨어지기 직전에 점프를 해서 엘리베이터보다 늦게 착지한다면 이 사람은 어떻게 될까?

정말로 이러한 상황이 발생하면 해당 방법으로 살아남겠다고 생각하는 사람이 많을 것이다. 하지만 안타깝게도 절대 무사할 수 없다.

왜 무사할 수 없는지 자세히 알아보자. 남자 높이뛰기 세계기록은 2.45미터인데 그나마도 배면뛰기로 세운 기록이므로 운동선수의 실제 중심 높이는 2미터도 되지 않는다. 심지어 도움닫기를 이용해서 세운 기록이다. 미국 NBA 슈퍼스타 크리스 웨버의 제자리 높이뛰기 기록은 1.33미터인데 그나마도 무릎을 굽혀 힘을 모았다가 다리를 쭉 뻗는 동작을 동반한 점프였다. 그러나 불행하게도 자유 낙하하는 엘리베이터 안에서 도움닫기는 할 수 없고 무릎을 굽히는 것조차 불가능하다.

그렇다면 온갖 걸림돌을 다 무시하고 여러분이 끝내주는 골격을 가지고 있어서 제자리에서 2미터쯤은 우습게 뛴다고 가정해보자. 그렇다고 달라질까? 예를 들어 엘리베이터가 지상으로부터 10미터 높이에서 제어불능상태에 빠졌다. 제자리에서 점프한 뒤 속도가 상쇄되면 결국 지상 8미터 높이에서부터 엘리베이터가 제어불능상태에 빠진 것과 같아진다. 이러나저러나 결론은 무사할 수 없다는 것이다.

이번에는 여러분이 불세출의 절정고수로 오늘을 위해 40년 동안 죽기살기로 무공을 갈고닦아 마침내 10미터를 단박에 뛰어오를 수 있게 되었다고 해보자. 게다가 엘리베이터 천장이 참 똑똑하게도 알아서 사라져줬

다고 가정해보자. 그러면 살아남을 수 있을까?

안타깝지만 이번에도 결론은 무사할 수 없다는 것이다. 여러분을 죽이는 것은 속도가 아니라 가속도임을 잊지 마라.

Q | 태양은 온도가 그렇게 높은데 왜 증발하지 않을까?

두 가지 이유가 있는데 그중 하나는 태양의 표면이 이미 기체와 플라스마(plasma)상태라는 점이고, 다른 하나는 태양 표면의 중력이 지구의 28배로 엄청나게 커서 기체가 우주 공간으로 빠져나갈 수 없기 때문이다 [태양 플레어(flare)와 프로미넌스(prominence)는 예외].

Q | 사람이나 호랑이처럼 몸집이 큰 생물은 높은 곳에서 떨어지면 죽는데, 개미나 사마귀처럼 몸집이 작은 동물은 아무리 높은 곳에서 떨어져도 죽지 않는다. 그 이유가 무엇인가?

이 문제에 대한 답을 두 부분으로 나누어 살펴보자. 첫 번째는 공기저항과 종단속도(terminal velocity)에 관한 것이다. 공기 중에서 자유 낙하하는 물체의 속도는 계속 증가하지 않는다. 공기저항이 중력과 같아지면 물체는 일정한 속도로 낙하한다. 이때의 속도를 종단속도라고 한다. 물체가 받는 중력의 크기는 부피, 즉 길이의 세제곱과 정비례하고 물체의 공기저항은 속도와 단면적(길이의 제곱)의 곱에 정비례한다. 만약 공기저항이 중력과 같다면 바로 결론을 얻을 수 있는데, 바로 종단속도와 길이가 정비례한다는 것이다. 다시 말해 큰 물체일수록 종단속도가 더 크다.

두 번째는 척도 변환과 강도의 관계에 관한 것이다. 아마 이런 이야기는 많이 들어봤을 텐데, 개미는 자기 체중의 수십 배나 되는 무거운 물체를 들 수 있으니 만약 개미가 사람만큼 커진다면 트럭도 들 수 있을 것이라는 이 야기가 있다. 그러나 이는 틀린 말이다. 척도 불변성(scale invariance)을 이러한 성질이 없는 대상에게 적용했기 때문이다. 만약 개미가 정말로 사람만큼 커진다면 그에게 닥칠 유일한 운명은 제 몸무게에 짓눌린 다리를 펴지도 못하고 그대로 주저앉는 것이다.

그 원인은 위에서 말한 원리와 비슷하다. 중력은 길이의 세제곱과 정비례하는데 우리의 몸을 지탱하는 골격의 강도는 골격의 단면적, 즉 길이의 제곱과 정비례할 뿐이다. 그리고 우리의 운동 능력은 근육의 횡단면적, 바로 길이의 제곱에 비례할 뿐이다. 그 결과 구조가 같은 상황에서 동물은 몸집이 커질수록 더 약해지고 쉽게 다친다.

참고로 대왕고래는 물 밖으로 나가면 곧 죽는다. 폐호흡을 하는 고래가 질식해서 죽을 리는 없고, 대왕고래의 몸집이 너무 큰 탓에 물 밖으로 나가면 혈압이 급격하게 올라 심부전을 일으키기 때문이다. 한마디로 자기 스스로 자신을 눌러 죽인다는 말이다.

Q │ 수학에서는 왜 꼭 십진법이 주가 되는가?

수학자들은 소수의 분포와 진법이 아무 관계도 없음을 잘 알고 있기 때문이다. 5는 십진법에서도 소수고 이진법에서도 소수다. 그저 이름이 101로 바뀌었을 뿐이다.

이진법, 십진법이라는 것은 사실 물리에서 쓰이는 서로 다른 단위제처럼 수를 표시하는 서로 다른 방법일 뿐이다. 단위가 킬로그램에서 온스로 바뀌었다고 해서 물체의 무게가 바뀌는 것은 아니다.

Q 파리 한 마리가 어디에도 내려앉지 않고 자동차 안을 윙윙 날아다니고 있다. 그런데 어떻게 파리는 지면에 대해 자동차와 동일한 속도를 유지할 수 있는 것일까?

파리가 어디에도 내려앉지 않았다는 것은 틀린 말이다. 파리는 공기에 딱 붙어 있고 공기는 차에 붙어 있다. 사실 흔히 접하는 이런 종류의 문제들은 다 위에서 한 말로 답을 대신할 수 있다. 예를 들어, 공중에 떠 있는 열기구가 왜 자전하는 지구를 따라 도냐고 묻는다면 공기는 지구를 따라 자전하기 때문이라고 답할 수 있다. 공기가 지구를 따라 자전하는 이유는 그렇게 하지 않으면 지표가 계속 공기와 마찰해 그것이 안정상태에 이를 때까지 천천히 돌게 만들기 때문이다.

Q 사람의 정상 체온은 약 섭씨 37도다. 그런데 왜 기온이 30도도 안 됐을 때부터 덥다고 느끼는 것일까? 기온이 37도까지 오르면 더위로 인한 변화가 생기는 것일까?

당연한 말이다. 인체는 열을 낸다. 안정된 상태에서(걷지도, 달리지도, 뛰어오르지도, 고백하지도, 고백 받지도 않은 상태) 성인의 발열 공률은 약

100와트(W) 전구 1개 정도다. 다른 변화가 일어나지 않으면 열은 스스로 고온에서 저온으로 흐를 것이며 온도차가 클수록 더 빨리 흐를 것이다. 만약 기온과 체온이 똑같이 37도라면 인체가 스스로 만들어낸 이 열이 몸 밖으로 빠져나가기 어려워진다. 인체는 매우 정교한 시스템이라 체온이 1~2도만 올라가도 난리가 난다. 만약 열을 발산하지 못한다면 체중이 50킬로그램인 성인 스스로 만들어낸 열은 한 시간도 안 돼 체온을 1~2도나 올릴 것이다. 그러므로 실온이 37도에 이르면 인체는 많은 양의 땀을 배출한다. 즉 땀이 증발하면서 주위의 열을 빼앗아가는 흡열 반응이 일어나 체내의 열을 가져가게 된다. 열역학적으로 봤을 때, 주변 온도가 37도에 이르면 우리는 틀림없이 땀을 흘리게 된다. 만약 땀을 흘리지 못하면 더위를 먹어 병원 신세를 져야 할 것이다.

반대의 경우를 보면 너무 추워도 안 된다. 너무 추우면 인체는 별도로 에너지를 소모해 몸을 데우려 한다. 정리하자면, 기분 좋게 열을 발산하면서도 따로 보온에 신경 쓸 필요가 없는 최적의 온도는 20도다.

Q 만약 1cm³ 크기의 공간 안에 양성자를 가득 채운다면 그 질량은 얼마나 될까? 만약 양성자가 아니라 전자라면 어떻게 되는가?

1cm³ 크기의 공간 안에 양성자를 가득 채운다면 그 밀도는 중성자 별의 밀도와 비슷할 것이다. 다시 말해 1cm³당(주사위 1개) 수억 톤 정도 된다. 전자의 경우, 그 밀도는 양성자의 약 1/2,000 정도 된다. 하나 덧붙이자면 지구상의 물질을 이런 방법으로 **빽빽하게** 배치한다면 지구는 지름이 22킬로미터 정도 되는 구가 될 것이다.

Q 200킬로그램 정도의 돼지가 네 발로 땅 위에 섰을 때, 지면에 대한 단위면적당 압력이 약 1바(bar)라고 한다. 수중 10미터에서의 단위면적당 압력은 1바가 증가한 것과 같다. 그렇다면 잠수부는 여기저기서 짓밟아오는 돼지의 발을 어떻게 견디는 것일까?

손가락으로 달걀을 쿡 찌르기만 해도 껍데기가 쉽게 뚫리는데 손바닥에 올려놓고 힘껏 쥘 때는 생각처럼 쉽게 깨지지 않는다. 달걀을 손에 쥐었을 때는 사방에서 고른 압력이 가해지기 때문이다. 다시 말해, 강한

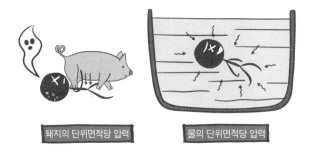

돼지의 단위면적당 압력   물의 단위면적당 압력

압력이 물체를 파괴하는 것은 맞지만 압력 분포가 고르지 않을 때 발생하는 전단응력이 물체를 더 잘 파괴한다.

Q 바둑판 위에서 생길 수 있는 변화의 수가 이미 알려진 우주 내의 원자 수보다 많다는 것이 사실인가?

그냥 많은 정도가 아니라 엄청나게, 상상도 못할 만큼 많다. 바둑판 위에는 가로 세로 각각 19줄이 직교해 만든 361개의 교차점이 있으며 모든 점은 백돌이 놓인 상태, 흑돌이 놓인 상태, 아무것도 없는 상태 이 세 가지 중 하나의 상태에 있다. 그렇다면 바둑판에는 총 3^{361}가지 상태가 있을 수 있으며 착수할 수 있는 경우의 수가 10^{172}개나 된다. 우주 전체에 존재하는 원자의 개수는 대략 10^{80}개다. 그러므로 단순히 많은 정도가 아니다. 만약 수많은 우주를 하나로 합쳐 그 안에 있는 원자의 수가 바둑의 경우의 수와 같아지게 한다면 이 우주의 수만 해도 우주 하나 안에 있는 원자 수보다 많을 것이다.

Q 인간의 의식은 컴퓨터 칩이나 프로그램과 다르다. 의식은 어떻게 생겨나고 실행되는가?

대뇌에 대한 물리적 모델링이 몇 가지 이루어지고 있지만 모두 아직은 걸음마 단계에 머물러 있다. 예를 들어 몇몇 논문들에서 본 내용인데 만약 뉴런을 격자점이라고 보고 뉴런 사이의 연결은 격자점과 주변 격자점들과의 상호작용이라고 본다면 대뇌 뉴런이 일할 때의 상태는 통계모형 중 상변화 임계점 근처에 있는 셈이다.

의식을 완벽하게 설명하는 물리이론은 아직 정립되지 않았다. 하지만 단언하건대 의식이든 대뇌든 물리법칙에 위배되지는 않을 것이다. 그래서 언젠가는 대뇌와 의식에 대한 물리이론이 나올 것이다. 응집물질 물리학자는 'More is different!(더 많으면 달라진다!)'라는 명제를 신봉한다. 대뇌는 방대하고 복잡한 시스템이다. 그런 대뇌를 해석하는 이론은 아주 새롭고도 극단적으로 복잡할 것이 분명하기 때문에 어쩌면 물리이론을 구축하는 것이 쉽지 않을 수도 있고, 어쩌면 영원히 구축하지 못할 수도 있다. 그러나 분명 존재할 것이다.

Q | 왜 원자폭탄, 수소폭탄이 폭발할 때 버섯구름이 생기는 것인가? 만약 달 표면에서 원자폭탄을 터트린다면 버섯구름은 발생하지 않을까?

사실 원자폭탄과 수소폭탄이 막 터진 순간에는 둘 다 공처럼 동그랗고 커다란 불덩이가 생긴다. 그러나 폭발로 방출된 대량의 열량이 금세 주변 공기를 뜨겁게 데우면서 열팽창과 열수축으로 인해 주변 공기 부피가 팽창하고 밀도가 작아진다. 그러면 뜨거운 공기가 부력의 작용으로 빠르게 위로 올라가면서 버섯기둥을 형성한다. 공기가 빠르게 상승하는 중에 주위의 차가운 공기와 계속 접촉하기 때문에 어느 정도 높이까지 상승했을 때, 원래 뜨겁던 공기는 주위 공기와 비슷한 정도로 냉각된 상태가 된다. 그러면 공기는 더 이상 상승하지 않고 사방으로 확산하거나 먼지에 끌려 하강하기 시작한다. 하지만 상승기류가 주위의 차가운 공기를 끊임없이 끌어오는 탓에 하강기류는 뒤쪽에 있는 상승기류와 부딪히면서 가열돼 다시금 상승해 일정한 고도 상에서 순환하게 된다. 이렇게 해서 버섯구름이 형성되는 것이다.

그러므로 버섯구름의 형성과 원자폭탄은 직접적인 관계가 없다. 이론상으로는 폭탄의 위력이 충분히 커서 대기층에서 대량의 기체를 순간적으로 매우 높은 온도까지 가열할 수만 있다면 버섯구름을 형성할 수 있다. 그러나 달에서는 불가능하다. 달에는 공기가 없기 때문에 실상 기체의 열대류 현상인 버섯구름도 볼 수 없다.

Q 진정한 의미의 단색광이란 존재하는가? 프리즘을 무한대로 멀리까지 분광하면 단색광을 입자 나누듯이 나눌 수 있는가?

실제로 엄격한 의미의 단색광은 존재하지 않는데 이는 양자역학 중 불확정성의 원리(uncertainty principle)로 알 수 있다. 양자역학에서 빛의 색이 단색일수록 광자의 운동량 불확정성은 더 작아지는데, 불확정성의 관계에 따라 광자 위치의 불확정성은 더욱 커진다. 그러나 위치의 불확정성이 무한대로 클 수는 없으므로 광자도 엄격한 의미로 단색일 수는 없다.

태양광을 분광하면 최종적으로는 각각 나눠진 스펙트럼 선이 나타난다. 다만 스펙트럼 선이 나타나는 원인은 앞에서 말한 것이 아니라 태양에 있는 원자의 빛 스펙트럼으로 인한 것이다.

Q | 지구상의 식물이 모두 사라지면 남은 산소로 인류는 얼마나 더 생존할 수 있는가?

지구 대기의 총질량은 약 $5×10^{18}$킬로그램이고 이중 산소가 차지하는 비중은 약 20%로 10^{18}킬로그램이다. 평범한 성인이 분당 소모하는 산소량은 약 250밀리리터이고 하루에 소모하는 산소량은 약 $0.35m^3$다. 그렇다면 70억 명이 분당 소모하는 산소량은 약 25억m^3로 표준대기압에서는 약 32억킬로그램과 맞먹는 양이다. 한편 공기 중 산소 함량이 10% 이하로 떨어지면 사람은 질식해서 죽는다. 그러므로 인류가 쓸 수 있는 산소는 남은 산소의 절반뿐이다. 결론은 약 $1.5×10^9$일로 400여만 년 동안 생존할 수 있다. 참고로 지구 암석권의 산소저장량은 대기권의 산소저장량보다 훨씬 많지만 너무 느리게 방출되므로 여기에서는 고려하지 않았다.

Q | 무중력 상태에 있는 사람이 초에 불을 켠다면 그 촛불은 구형인가?

초가 연소하려면 산소가 필요하다. 무중력 조건에서는 열대류가 없기 때문에 차가운 공기가 아래로 내려올 수 없고 뜨거운 공기가 위로 올라갈 수 없으며 충분한 산소가 초 주위에 도달할 수도 없다. 이러한 이유로 초는 연소할 수 없다. 그러나 기체의 확산 효과도 고려해야 한다. 초 주위 연소 생성물의 농도가 높고 주변 산소 농도가 높은 탓에 산소는 초 주위로 확산되고 연소 생성물은 공기 중으로 확산될 것이다. 확산 효과가 제공한 산소가 초를 연소시키는 데 필요한 요구치를 만족시키기만 한다면 초에 불이 붙을 것이다. 실험 결과, 중력이 거의 없는 상태인 극미중력 (microgravity) 상황에서 초는 연소할 수 있다. 다만 연소율이 중력상태에서 만큼 크지는 않다. 초가 연소할 때 나타나는 불꽃은 정확하게 말하자면 반 구형이다. 대류가 없기 때문에 불꽃은 초의 심지 주변에 분포해 대칭성으 로 보았을 때 반구에 가까운 형태를 이룬다.

Q | 만약 곤충의 크기를 크게 키울 수 있다면 외골격이 얼마나 단단 해야 그 곤충의 중량을 견딜 수 있을까?

보통 생물의 크기가 클수록 신체가 단위면적당 받는 압력도 크 다. 단순한 수학식으로 말하자면 신체의 구조가 바뀌지 않는 상황에서 신 체가 받는 단위면적당 압력은 크기와 정비례한다. 그러므로 영화 속 괴물 고질라는 태산 같은 압력을 견디며 걸어 다니는 셈이다. 영화에서 소개한 내용을 바탕으로 한 번 계산해보자. 고질라는 키가 약 110미터이고 몸무 게는 9만 톤이라고 한다. 가장 뚱뚱한 체형의 사람과 비교하자면 고질라의 골격이 받는 단위면적당 압력은 정상 지구인의 200~300배에 이른다. 이는 이미 인류 관상골의 압축강도[약 200메가파스칼(MPa)]를 뛰어넘는 수준이다. 게다가 이것은 인류가 감당할 수 있는 최대 단위면적당 압력으로 계산한 것이고 관절이나 내장처럼 비교적 약한 부분이 받는 자극의 세기는 이것 보다 훨씬 작다. 육지에 사는 동물 중 몸집이 지나치게 큰 동물이 없는 것 도 바로 이 때문이다. 한때 지구상의 최강 생명체로 군림했던 공룡도 크기 가 최대 수십 미터에 불과했으며 다리가 짧고 굵은 체형이었다.

곤충의 외골격 성분은 주로 키틴질(chitinous substance, 다당류의 일종)과 단

백질이다. 이런 재질의 강도에 대해서 찾아본 적은 없지만 분명 인류의 골격에 비할 수는 없을 것이며 강도도 요구 수준에 달하지 못할 것이다. 그래서 설령 개미를 사람만큼 크게 키우더라도 겨우 일어서는 수준에 그칠 것이다. 우리도 인사 한 번 할 때마다 온몸을 휘청거리는 개미를 보고 싶은 것은 아니다. 그래서 '곤충의 크기를 크게 키운다면 외골격이 얼마나 단단해야 그 곤충의 중량을 견딜 수 있을까?'라는 질문에 대한 답은 '원래의 외골격으로는 불가능하다'라고 답할 수밖에 없겠다. 어떤 재료를 써야 합리적이고 완벽할지에 대해서는 주위를 보면 답이 나올 것이다. 신비로운 대자연은 이미 오래전에 우리에게 답을 알려줬으니 말이다.

Q 번개가 치는 원인은 무엇이며, 왜 번개는 직선으로 떨어지지 않고 갈라지는가?

　　비가 오는 날에는 종종 번개가 치는데 번개가 치는 데는 여러 물리과정이 포함되어 있다. 일단 구름층과 지면이 마찰 등으로 인해 상반되는 전하를 띠게 되고 전하가 한데 모여 구름층과 지면 사이에 강한 자기장을 형성한다. 공기는 각종 기체 분자로 이루어져 있는데 공기 자체는 전기가 통하지 않기 때문에 일반적인 상황에서는 번개를 볼 수 없다. 그러나 이 분자 안의 전자가 강한 전기장의 작용으로 원자핵의 속박에서 벗어나면서 공기가 전자와 이온으로 구성된 결합체로 변한 까닭에 전기가 통하게 된다. 전자는 전기장의 작용에서 에너지 준위 사이의 전이를 일으키는데, 이러한 전이는 발광을 동반한다. 이것이 바로 번개다.

그러나 대기 중 전리 물질의 분포가 균등하지 않은 까닭에 공간 속 두 점 사이는 직선 경로의 저항이 가장 적다고 말할 수 없다. 또한 번개는 저항이 작은 통로를 따라 뻗어나가는데 공간 속에서 저항이 작은 통로가 하나뿐인 것은 아니므로 번개가 지나는 길이 꺾이고 갈라지는 것이다.

정리하자면 번개가 갈라지는 것은 두 가지 이유 때문인데, 하나는 전도 매질, 즉 전리 물질의 분포이고 다른 하나는 이 전도 물질의 운동이다. 전리 물질은 태양복사, 지면복사 및 우주방사선과 대기 분자의 작용에서 비롯된다. 에너지가 충분히 높은 광자(또는 다른 고에너지 입자)는 전자를 분자 또는 원자 속에서 튕겨나가게 해 양이온 하나를 남기고 먼 곳에 음이온을

만들 수 있다. 그래서 대기 중에는 항상 전자 하나를 잃거나 추가로 전자 하나를 얻은 산소 분자와 같은 개별적인 이온이 존재한다. 이처럼 막 생겨난 이온은 전기장을 통해 주위에 있는 극성 분자를 흡착해 작은 덩어리가 되어 다른 덩어리들과 함께 대기 전기장 속을 이리저리 떠다닌다. 그중 크기가 큰 이온 덩어리는 전기장 속에서 비교적 느리게 이동하지만 크기가 작은 이온 덩어리는 쉽게 이동할 수 있는 까닭에 공기 중의 전도율은 이온 덩어리의 크기에 따라 변하게 된다. 그렇다면 이 이온 덩어리들의 분포가 고르지 않은 까닭은 무엇일까? 바로 상층 대기에서의 국지적 대류작용, 지면에 부는 먼지(핵으로서 작은 이온 전하를 주워 큰 이온을 형성) 바람, 또는 인류가 대기 중으로 쏟아내는 각종 오염 물질 탓에 지면 근처의 전도율 변화가 심각하기 때문이다. 이는 지면에 가까울수록 번개가 더 여러 갈래로 갈라지고 더 심각하게 꺾이는 이유이기도 하다.

참고문헌 |

1. 번개를 동반한 소나기 구름 속 전하분리이론은 찰스 윌슨(C. T. R. Wilson)이 가장 먼저 제기했다. 1911년 윌슨은 이 현상과 자신의 이론을 합쳐 윌슨 구름상자(Wilson cloud chamber, 1896년 윌슨이 최초로 발명)를 좀 더 개선했다. 윌슨도 대전입자의 궤적을 보기 위해 만든 장치인 윌슨 구름상자 덕분에 1927년 노벨상을 수상했다.
2. 《파인만의 물리학 강의(The Feynman lectures on physics)》, 제2권, 제9장, 리처드 필립 파인만(Richard Phillips Feynman), 2006.

Q │ 만약 수소 분자를 눈으로 볼 수 있게 된다면 어떤 모습일까?

'만약'이라는 말로 가정할 필요도 없이 수소 분자는 육안으로 볼 수 있다. 먼저 '본다'라는 말의 의미를 살펴보자. 좁은 의미에서 봤을 때, 어떤 물체를 '본다'라는 것은 그 물체가 우리에게 보내온 가시광선 영역에 있는 광자를 우리가 받았음을 의미한다. 수소 분자 각각의 분자 위치에너지 곡선 사이의 에너지 준위차는 대략 가시광선에서 자외선 주파수대까지다. 이 수소 분자가 이러한 에너지 준위 전이를 해서 내보낸 광자를 우리가 받기만 한다면(생물학자들에 따르면 사람 눈의 광수용체 세포는 단일 광자에 반응할 수 있다고 한다.) 수소 분자를 볼 수 있게 된다. 또한 우리가 말한 '본다'는 행위가 넓은 의미에서 한 말이라고 가정한다면, 예를 들어 우리가 어떤 방식으로 수소 원자 2개의 위치를 확정하고 이 원자들의 진동 변위를 분명히 나눌 수 있다면, 이러한 방식으로 인한 교란은 분명 이 수소 분자의 상태에 영향을 미치게 된다. 마지막으로 전자 구름에 대해 알아보자면, 이것은 전자 파동 함수가 공간에 분포된 것을 보여주는 방식으로 확률 분포일 뿐 육안으로 확인할 수는 없다.

Q │ 광속에 가까운 속도로 달리는 기차가 정지해 있을 때의 길이가 터널보다 길다고 가정해보자. 기차가 터널을 지날 때, 번개가 동시에 두 군데에 쳐서 각각 터널 양 끝에 떨어졌다. 그런데 움직이는 물체 길이 수축 현상으로 인해 터널 옆에 서 있는 사람이 봤을 때 기차는 완전히 터널 안으로 진입한 상태라서 번개에 맞지 않았다. 그러나 기차에 탄 사람의 눈에는 터널이 더 짧아진 것으로 보여 기차 전체를 완전히 가려줄 수 없다. 그렇다면 그가 본 번개는 기차에 떨어졌을까?

사실 이것은 상당히 고전적인 특수상대성이론 문제다. 질문은 이렇게 정리할 수 있다. '지면 좌표계에서 봤을 때는 터널 양 끝에서 동시에 발생한 사건을 기차 좌표계에서 봤을 때 그들의 공간 좌표는 기차 안에 떨어지는가?' 이 문제의 답은 로렌츠 변환(Lorentz transformation)을 통해 얻을 수 있다.

특수상대성이론에 따르면 이러하다. 만약 터널의 길이가 딱 $\sqrt{1-v^2/c^2}$ 배의 기차 길이라면 터널 양 끝에 동시에 내리친 번개는 기차 양 끝을 때릴 수 있다. 하지만 기차에 탄 사람이 봤을 때, 기차 양 끝이 모두 번개에 맞은 것은 맞지만 두 사건이 동시에 일어나는 것은 아니다. 설명하자면 먼저 기차 머리 부분과 터널 앞쪽이 겹쳐질 때 번개에 한 번 맞고 기차 꼬리 부분과 터널 뒤쪽이 겹쳐질 때 다시 번개에 맞은 것으로 보인다.

결과가 역직관적이기는 하지만 이는 광속 불변의 원리를 만족시키는 필연적인 결과다. 상대성이론을 이해하려면 광속이라는 개념을 이해해야 한다. 먼저 광속은 모든 좌표계에 대한 물질 운동의 극한 속도를 대표하므로 (빛은 그저 대표일 뿐) 속도는 선형으로 중첩할 수 없다. 다음으로 광속 불변은 원리이자 가설이기도 하다. 물론 이 가설이 도출한 추론은 실제에 부합하며 그 때문에 이 원리는 가치가 있다.

Q | 신기루는 인위적으로 만들 수 있는가?

신기루는 위 신기루(superior mirage)와 아래 신기루(inferior mirage)로 구분된다. 위 신기루는 대개 빙하와 같은 한랭지대에서 관찰되는데 이런 곳은 공기 밀도와 굴절률이 상층에서는 작고 지면에서는 크기 때문에 물체가 반사한 빛이 위쪽으로 전파되는 과정에서 점점 편향되다가 최종적으로는 전반사를 일으켜 물체가 공중에 떠 있는 것처럼 보인다.

아래 신기루는 일반적으로 사막이나 한여름 아스팔트 위에서 관찰할 수 있다. 공기 밀도와 굴절률이 상층에서는 크고 지면에서는 작아 주위의 물체에서 지면으로 반사된 빛은 지표 공기 때문에 전반사된다. 이에 사람의 눈에 보이는 물체가 물에 반사된 것처럼 거꾸로 보일 경우 위에 물이 있다고 착각하게 만든다.

신기루가 발생하는 원리는 전혀 신기한 것이 아니다. 사실 굴절률에 변화가 있는 매질만 있으면 신기루와 비슷한 현상을 관찰할 수 있다.

Q | 손오공의 근두운이 수증기 응축 현상에서 보이는 구름이므로 그는 음속으로 비행한 것이라고 하는데 이 말은 사실인가? 물속에서 음속으로 운동하는 것은 어떤 상황을 의미하는 것인가?

소리의 본질은 매질이 진동하는 소밀파[疏密波, 종파(縱波)]다. 비행체는 비행하면서 공기와 부딪혀 진동을 발생시키는데, 이러한 진동은 음파 형식으로 밖으로 확산한다. 속도가 음속에 도달하면 비행기는 자신의 앞에 있는 공기와 부딪히지만 공기는 이러한 압축을 미처 확산시키지 못하고 빽빽하게 한데 눌려 비행체에 대한 극심한 저항과 충격을 일으키는데, 이런 현상을 음속장벽(sonic barrier)이라고 한다. 이 과정에서 심하게 압축된 공기는 압력이 엄청난데 고압에서 공기 중의 수증기는 작은 물방울로 액화되어 흰 구름을 형성하게 된다. 이 현상을 수증기 응축 현상이라고 한다.

수증기 응축 현상과 소닉붐(sonic boom), 즉 음속폭음은 비행체가 음속을 돌파하는 그 순간에 발생하며 일반적으로 몇 초밖에 지속되지 않는다(계속 음속으로 비행할 수 있는 비행기는 없다). 속도가 음속을 완전히 넘어서면 비행체 자체는 오히려 많이 안정된다. 여전히 공기에 부딪히지만 비행체 자신이 낸 소리를 뒤쪽으로 떨쳐내고 원래 구면파 형식으로 전파했어야 할 음파 파면이 이때 송곳 모양의 면을 형성한다(비행체는 송곳 끝에 위치한다).

비행체 외부에 있는 우리는 소리 송곳 밖에 있어 아무것도 듣지 못한다. 이 소리 송곳의 경계면이 우리가 있는 곳을 지나칠 때 공기 압력의 갑작스러운 변화로 '꽝!' 하는 폭발음이 들리게 되는데, 이것이 바로 음속폭음 현상이다. 이후 다시 소리 송곳 안에 있게 되면 정상적인 비행체의 비행 소리가 들린다.

앞에서 설명한 소리 송곳의 정확한 학명은 충격파다. 매질에 상관없이 파원의 속도가 매질 중의 파속을 넘어서면 충격파 현상을 일으킬 수 있다. 물속에서 음속은 1,500m/s 정도다. 만약 어떤 물체가 물속에서 이보다 더 빨리 움직일 수 있다면 공기 중에서보다 더 극렬한 충격파 현상을 일으킬 테지만 안타깝게도 우리 눈으로 확인하기는 어려울 것이다.

물속에서는 음속이 매우 빠르지만 수면파(돌멩이를 물에 던지면 생기는 잔물결)는 파속이 아주 느린 편으로 초당 몇 미터에 불과하다. 속도가 빠른 배는 수면에 두부파(bow wave)를 일으키는데 이것도 충격파 현상 중 하나다.

사실 이 현상은 빛에 대해서도 성립된다. 진공 속 빛의 속도를 초월할 수 있는 것은 없지만 매질 속 빛의 속도는 뛰어넘을 수 있다. 일부 고에너지 입자는 광속도보다 더 빠르게 움직여 충격파와 비슷한 현상을 일으키는데 이를 체렌코프 방사선이라고 한다. 이 현상은 고에너지 입자 탐지과정에서 요긴하게 활용된다.

Q 지구는 구체라서 지구 표면을 넓게 펼쳤을 때 직사각형이 나올 수 없다. 그런데 왜 시간대를 구분한 지도 속의 세계는 직사각형인 것일까?

지구는 3차원 공간 속에 있는 구체이고, 지도는 2차원 평면 위에 있는 그림이다. 구면을 평면으로 바꿀 수는 없다. 다양한 투영 방식으로 지구 표면을 2차원 평면 위에 비추면 각각의 투영 방식은 모두 지구 표면을 변형시킨다. 그래서 세상에 100% 정확한 지도는 없고 각각의 지도는 모두 실제로 사용하는 데 편리하게 설계되며 어느 특정 분야의 진실성을 확보하는 데 주안점을 둔다.

시간대는 경선으로 나뉜다. 시간대를 나누는 데 편리하도록 경선으로 시간대를 나누는 지도는 경선을 직선으로 바꾼다. 이러한 지도는 대개 메르카토르 도법(Mercator's projection)으로 제작된다. 간단히 설명하자면 적도면과 수직인 원기둥을 지구에 씌웠다고 가정하고, 지구의 중심점에서 등불 하나를 밝히면 불빛이 지구상의 각 점들을 원기둥 위에 비춘다. 이 상태의 원기둥을 펼치면 직사각형 모양의 지도가 나타난다. 그러나 이런 직사각형 지도는 진실 왜곡이 너무 심한 탓에 실제로 사용되는 경우는 별로 없다.

메르카토르 투영 도법으로 제작한 지도는 위선과 경선이 서로 수직으로

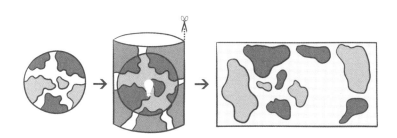

만나는 직선이지만 위선이 극지방에 가까워질수록 그 간격이 점점 커져 남 북극점에 이르러서는 위선 사이의 거리가 무한대로 커진다. 그 결과, 이 지 도는 적도 지역에서는 매우 정확하지만 양극 지방에서는 왜곡이 극심하다.

흔히 볼 수 있는 세계지도가 대부분 직사각형에 가까운 이유는 지도의 실용성 때문이다. 지구상의 대륙을 아무렇게나 싹둑 자르지 않기 위해 지 구의 가장자리 형상은 반드시 규칙이 있어야 한다. 타원형의 세계지도는 왜 곡이 심각하지 않고 각 대륙과 나라의 형상을 지도상에 온전히 나타낼 수 있는 까닭에 실제로는 타원형 세계지도가 가장 광범위하게 쓰이고 있다.

Q | 볼츠만 두뇌란 무엇인가?

볼츠만 두뇌(Boltzmann brain)는 무척 흥미로운 문제다. 고도로 무 질서한 시스템은 갈수록 안정되어 점점 특수한 변화, 예를 들어 생명을 만 들어내는 일 같은 것을 일으키지 못하게 된다. 그래서 고도로 무질서한 시 스템 안에서는 생명이 출현할 가능성이 극히 낮지만, 우주 탄생 초기에는 엔트로피가 매우 낮아 생명이 탄생할 수 있었으며(물론 확률이 극도로 작지만 불가능한 일은 아니다.) 인류처럼 고도로 진화할 수 있었다.

그러나 인체에서 두뇌 하나만 단독으로 나타날 확률은 인체 전체가 나 타날 확률보다 크다. 다시 말해 두뇌로만 이루어진 생명이 우주에 나타날 가능성이 매우 높다는 것이다. 이것이 바로 볼츠만 두뇌다. 이런 두뇌들 은 계속 살아남아 허공 속에서 인류의 극한을 뛰어넘는 사고를 하고 있으 며 심지어 우리가 익히 잘 알고 있는 이 세계의 체계까지도 구축했다. 사실 우리 자신도 우리가 볼츠만 두뇌가 만들어낸 모형 속에서 살고 있는 것은 아닌지 확신할 수 없다.

이 문제는 통 속의 뇌(Brain in a vat)라는 사고실험과 비슷하다. 다른 점이 있다면 사악한 과학자가 아니라 조건부 확률을 바탕으로 한다는 것뿐이다. 원래 볼츠만은 열역학을 연구하다가 이 문제를 생각해냈지만 사실 이 문제는 열역학이 아니라 확률을 통해 토론할 수 있다.

Q 자동차, 고속철도, 비행기의 표면을 골프공 표면처럼 울퉁불퉁하게 만들면 공기저항도 줄이고 연료나 전력 소모도 줄일 수 있는가?

물체가 공기 중에서 운동할 때 받는 저항은 주로 두 가지에서 비롯된다. 하나는 마찰저항(frictional resistance)으로 점성저항(viscous resistance)이라고도 한다. 이것은 공기와 마찰해서 생기는 힘이다. 다른 하나는 압력저항(pressure drag)이다. 이는 운동하는 물체 앞쪽의 고압 구역과 뒤쪽 저압 구역의 압력차로 인한 힘이다. 공기 중에서 수직으로 운동하는 평판은 상당히 큰 저항을 받게 된다. 만약 평판 앞쪽(좌측)의 고압 구역을 반타원체 모양 물체로 채우면(두 번째 그림) 기류가 전방에서 좀 더 일찍 물체에 맞닿아 전방의 압력이 작아지게 된다. 그리고 평판 뒤쪽 난류 구역을 원추형 물체로 가득 채우면 뒤쪽의 기류가 상대적으로 늦게 분리되어 뒤쪽의 압력이 커지게 된다. 그러면 압력차로 인한 저항을 줄일 수 있는데, 이것이 바로 유선형 설계가 공기저항을 줄이는 원리다.

골프공이 받는 저항은 주로 모양으로 인한 압력저항으로, 마찰저항은 그 다음이다. 오목하게 들어간 부위는 뒤쪽 기류의 분리를 늦춰 압력저항을

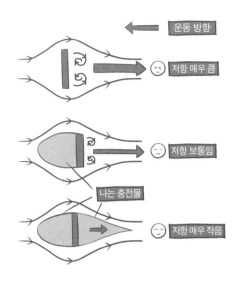

감소시킨다. 하지만 비행기는 그 자체가 유선형에 가까운 모양이라 주로 마찰저항이 발생하므로 오목한 부분이 있으면 오히려 비행에 방해가 된다. 이뿐만이 아니다. 소재 강도, 원가, 외형의 미관 등등 다른 여러 가지 요소까지 고려해야 한다. 사실 비행기와 일부 차종은 물체 뒤쪽에서 기류가 분리되는 시간을 늘리기 위해 저항을 대폭 줄일 수 있는 와류발생기까지 설치한다.

Q 외계인의 눈은 적외선이나 자외선을 받아들일 수 있을까? 그렇다면 외계인은 지구인보다 시야가 더 넓은 것인가?

그럴 가능성이 상당히 높다. 사실 굳이 외계인까지 찾을 필요도 없다. 한때 선풍적인 인기를 끈 갯가재를 잊었는가? 하지만 여기서 말하는 갯가재는 화려한 색채를 자랑하는 광대사마귀 새우(Odontodactylus scyllarus)과에 속하는 공작사마귀 새우(Mantis shrimp)다. 공작사마귀 새우는 시각수용체(visual receptor, 빛을 받아 눈에서 느낄 수 있게 하는 세포-옮긴이)를 최소 열여섯 가지 이상 가지고 있는데, 그중 여섯 가지는 일반적인 색을 식별하고 다른 여섯 가지는 자외선을 식별하며, 나머지 네 가지는 원편광(circularly polarized light, 광파의 전자기장 진동이 원진동인 빛-옮긴이)을 식별할 수 있다.

사실 시각 부분의 능력은 생물이 가진 시각수용체의 종류와 직접적인 관련이 있으며 생물의 생활환경 및 생존의 필요조건과 밀접한 관련이 있는 경우가 많다. 인류는 어두운 환경에서 희미한 빛을 인식하는 간상세포(rod cell)와 색깔을 구별할 수 있게 해주는 세 종류의 원추세포(cone cell)를 가지고 있다. 반면 개와 고양이는 어떻게 하면 캄캄한 밤에 사냥감을 더 잘 잡을 수 있을지를 고민하지 색깔을 구별하는 데는 도통 관심이 없는 까닭에 간상세포가 더 발달했고 원추세포 종류는 사람보다 적다. 꿀벌과 나비는 날마다 햇볕 아래서 이 꽃 저 꽃 옮겨 다니며 꿀을 모으기 때문에 자외선을 감지해 각종 꽃잎을 분별할 수 있다. 방울뱀은 온도 변화를 정확하게 느끼

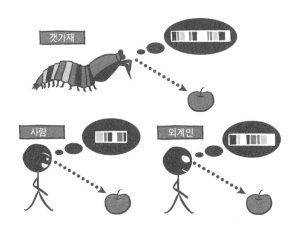

고 먹이의 위치를 판별하기 때문에 적외선을 감지하는 것이 매우 중요하다.

공작사마귀 새우의 경우, 저 엄청난 능력을 연애하는 데 쓴다고 한다. 화려하기 짝이 없는 껍데기를 좋게 봐주는 것도 공작사마귀 새우뿐이요, 원편광의 교류 암호를 이해하는 것도 공작사마귀 새우뿐이다. 같은 지구상에 사는 생물도 서로 이렇게 다른데 저 멀리 우주 어딘가에 있을 외계인은 어떻겠는가?

Q 구름은 주로 물방울과 얼음 결정으로 이루어져 있다. 물과 얼음은 모두 공기보다 무거운데 왜 떨어지지 않는가?

우리도 어렸을 때 그런 생각을 했다. '하늘에 떠 있는 저 커다란 솜사탕은 왜 떨어지지 않는 거지?'

사실 구름은 아래로 떨어진다. 다만 그 속도가 정말이지 말도 못하게 느릴 뿐이다. 그 원인을 따져보자면 결국 공기의 저항 때문이다. 구름 속 물방울의 반지름 r은 무척 작아 몇 미크론에서 수십 미크론에 불과하고 중량은 매우 가벼워 공기의 저항을 무시할 수 없다. 또 물방울이 떨어지는 속도가 빨라질수록 커지기 때문에 공중에서 이 물방울들에 작용하는 힘의 합력이 0이 될 때의 속력, 즉 종단속도는 매우 작다. 게다가 이것은 공기가 정지해 있을 때의 상황일 뿐, 실제로 구름층 근처에는 바람과 상승기류가 있는 까닭에 구름은 바람이 부는 대로 흩날려 그중 일부는 이 과정에서 흩어져 사라지기도 해 결국 작은 물방울도 증발하게 된다. 더 직관적으로 말하자면 공중에 떠 있는 작은 물방울이 하늘에 있으면 구름이라고 부르고 땅에 있으면 안개라고 하는데 안개 방울이 운동하는 것을 보면 무척 느리지 않은가?

엄청 굵은 빗방울에 맞아도 사람이 죽는 일은 없는 것으로 보아 공기저항의 작용을 분명히 알 수 있다.

구체적으로 살펴보자. 물방울이 받는 반지름과 속력에 정비례하는 점성 저항은 $6\pi\eta rv$이고 방향은 위를 향한다. 그중 η는 공기의 점성계수다. 이 밖에 물방울은 중력과 부력을 받는데, 압력의 크기는 $(\rho\text{-}\rho_0)\,g\frac{4\pi}{3}r^3$이며 방향은 아래를 향한다. 세 힘이 평형을 이루어 종단속도 $v=\frac{2g(\rho-\rho_0)}{9\eta}r^2$을 얻을 수 있다. 여기에서 알 수 있듯이 이 속력은 r^2과 정비례해 r이 작으면 그만큼 속력도 느리다. 구름 속 물방울의 지름은 대개 10~50미크론이고, 이에 상응하는 낙하속도는 3.0mm/s~7.5cm/s다. 이 속도로 낙하한다면 시간이 엄청 오래 걸릴 것이다. 하지만 작은 물방울들이 뭉치기 시작하면 떨어지는 속력이 빨라진다. 예를 들어 물방울의 지름이 5밀리미터일 때는 약 7m/s로 떨어진다. 하지만 이 경우에는 다른 공식으로 계산해야 한다. 이때의 공기저항은 압력저항이 주를 이루어 r^2v^2과 정비례해 앞서 말한 공식은 적용할 수 없기 때문이다.

흥미롭게도 매우 작은 액체 방울의 종단속도가 느릴 때 외력에 정비례하는 규칙을 이용하면 미세한 힘을 정확하게 측정할 수 있다. 그 유명한 밀리컨의 기름방울 실험(Millikan's oil drop experiment)을 기억하고 있는가? 물리 분야에서 중대한 의의를 지니는 기본전하량 e의 크기는 이 실험을 통해 밝혀졌고, 그 결과 1923년 노벨물리학상 수상의 영광은 밀리컨에게 돌아 갔다.

Q │ 만약 광속 우주선에서 빛줄기를 발사하면 이 빛은 우주선보다 더 빨리 움직일 수 있는가? 그렇게 된다면 광속을 뛰어넘을 수 있는 것 아닌가?

특수상대성이론에서 볼 때, 각기 다른 좌표계 안에서는 각 물체의 절대속도가 다를 뿐만 아니라 두 물체의 상대속도도 다르다. 앞의 첫 번째 질문은 특수상대성이론의 기본원리로 설명할 수 있다. 진공에서 빛의 진행속도는 모든 관성 좌표계에서 c(상수)다. 만약 우리가 우주선 안에 있다면 빛이 광속 c로 우리에게서 멀어진다고 느끼게 된다. 그러나 우리가 지표면에 있다면(우리에 대한 우주선의 속도는 광속 c다.) 빛의 속도는 c고 우주선과 빛의 상대속도는 0이라고 생각하게 된다.

관심이 있다면 간단한 계산을 해보라. 특수상대성이론은 상대성 원리와 광속 불변의 원리를 바탕으로 각기 다른 관성계 안에서의 속도 변화 공식을 얻을 수 있다.

$$u = \frac{u'+v}{1+\dfrac{u'v}{c^2}}$$

이 공식에서 물리량의 대응관계를 알 수 있는데, v는 K′(좌표계)의 K(좌표계)에 대한 속도이고, u'는 K′ 안에서 연구대상의 운동속도를 말한다. 이러한 것들을 알면 K 안에서 연구대상의 운동속도를 알아낼 수 있다. 질문의 상황을 예로 들면 좌표계 K와 우주선 K′의 상대속도는 $v=c$이고 K′에서 발사한 빛의 속도는 $u'=c$이다. 이를 공식에 대입해 계산하면 K에서의 속도 $u=c$를 구할 수 있다. 여기에서 우리는 이론의 정합성을 확인할 수 있다.

두 번째 질문도 공식을 통해 답을 구할 수 있다. 만약 광속 우주선 좌표계가 $v = c$이고 우주선에 대한 사람의 속도가 $u' \neq c$라면 식에 대입했을 때 마찬가지로 $u = c$라는 답을 얻게 된다. 다시 말해 당신이 우주선 안에서 아무리 빠른 속도로 앞쪽으로 운동하든 K 좌표계에 있는 다른 사람은 당신과 우주선의 속도가 같다고 생각할 것이다.

Q 손을 입에 대고 '하~' 하고 입김을 불면 따뜻하게 느껴지고, '후~' 하고 불면 시원하게 느껴진다. 그렇다면 입김을 불었을 때 미지근하게 느껴지는 속도도 있는가?

당연히 있다. 이론적으로 입김의 속도를 정의할 수 있는데, 여기에서는 임시로 '균형 입김 속도'라고 정의하겠다. 균형 입김 속도는 굉장히 정의하기 어려운 물리량일 것이다. 입김을 통해 빠져나온 기체는 운동과정에서 기류의 변화가 매우 복잡하다. 주변 환경의 풍속, 온도, 단위면적당 압력과 입김을 불 때의 입 모양 등은 기류가 손바닥에 닿을 때의 온도에 영향을 미칠 수 있다. 그래서 이러한 것들을 고려하면 수치를 정의하기 위해 매우 안정적인 환경이 필요하다. 예를 들어 표준온도와 표준압력, 즉 절대온도 273.15K와 1기압의 압력 조건하에서 실험을 진행해야 하며 주변 풍속을 0.1m/s로 유지하고 손과 입 사이의 규정거리를 정확하게 지켜야 한다.

위의 조건들이 만족되면 외부환경의 문제는 어느 정도 해결된 셈이 된다. 이러한 조건하에서 특정 속도의 기체를 불면 이 기체는 적합한 온도로 손바닥에 도달할 것이며 최소한의 오차 범위를 유지할 수 있을 것이다. 다만 여기에서 말하는 온도는 사람이 느끼는 온도가 아니라 물리적인 온도임에 주의해야 한다. 또한 온도에 대해 각기 다른 부위가 느끼는 정도도 다르기 때문에 표준 부위를 선정해야만 한다. 이 밖에 사람은 미지근한 기류에 대해 그다지 민감하지 않기 때문에, 이 균형 입김 속도라는 것은 정확한 수치가 아니라 범위일 것이며 범위의 크기도 사람마다 다를 것이다.

그래서 균형 입김 속도를 정의하는 데 '표준인'이 필요하다는 점에서 이 양을 정의하는 것은 불가능한 일이 된다. 표준인을 정의하기가 매우 어렵기 때문이다. 사실 온도에 대한 느낌은 환경과 밀접한 관련이 있다. 사람의 피부가 느끼는 것은 온도가 아니라 열 유속 밀도(heat flux density)다. 열 유속 밀도는 온도차, 열전달 계수와 밀접한 관계가 있다. 이 밖에 풍속도 인체가 온도를 느끼는 데 큰 영향을 미친다. 온도가 약간 낮고 풍속이 빠른 곳에 있을 때, 온도가 그보다 더 낮고 풍속이 느린 곳에 있을 때보다 훨씬 더 동상에 걸리기 쉽다.

Q 도체로 전자신호를 전달해 전자계산기를 만드는 전통적인 의미의 '기관'과 현대적인 의미의 기계 구조는 '역학계산기'라고 부를 수 있지 않을까?

맞는 말이다. 일정한 논리 조작을 수행할 수 있는 기계는 넓은 의미에서 컴퓨터라고 볼 수 있다. 컴퓨터 과학의 아버지로 추앙받는 과학자 앨런 튜링(Alan Turing)은 현실의 계산과정을 수학적으로 엄밀히 논의하기 위해 가상적인 계산기를 고안했는데, 이것이 바로 그 이름도 유명한 튜링 기계(Turing machine)다. 튜링 기계는 테이프(tape), 헤드(head), 행동표

(action table), 상태기록기(state register)라는 4개의 핵심 부분으로 구성되어 있다. 테이프는 순차적으로 유한 종류의 기호를 기록하는데 좌우 양방향으로 무한히 연장되어 있다. 헤드는 좌우로 이동하며 테이프의 기호를 판독하고 기록한다. 행동표는 현재 상태에서 특정 기호를 읽었을 때 헤드가 해야 할 다음 동작을 지시한다. 상태기록기는 튜링 기계의 현재 상태를 기록하는 레지스터다.

현대적 의미의 컴퓨터로 공인받은 것은 1946년에야 발명되었다. 하지만 1804년에 프랑스인 조셉 마리 자카드(Joseph Marie Jacquard)는 무늬가 있는 천을 직조하기 위해 신식 방직기를 발명하면서 이미 프로그램을 제어한다는 아이디어를 발명에 반영했다. 즉 직조하고자 하는 도안을 종이테이프 위에 천공하고 구멍의 유무로 씨실과 날실의 상하관계를 제어한 것이다. 1836년 영국의 수학자 찰스 배비지(Charles Babbage)는 톱니바퀴 컴퓨터를 제작했으며 자카드의 테이프 천공 원리를 이용해 프로그래밍을 했다. IBM은 천공카드 제표기로 사업을 키웠고 1935년에는 천공 기술을 기반으로 한 컴퓨터를 개발했다.

Q | 만약 지구의 중심을 지나는 구멍을 뚫은 뒤에 무거운 물체를 떨어뜨리면 이 물체는 최종적으로 지구의 중심에 떠 있게 되는가?

공 내부의 어떤 부위든 공 외피로부터 들어오는 전체 만유인력은 0이다(증명과정은 정전기장의 가우스 법칙을 참조하면 된다). 그렇다면 공 내부 임의의 한 점이 받는 만유인력은 공의 외피와 작은 솔리드 볼이 제공하는 만유인력의 합력으로 나눌 수 있는데(이 점에서 공의 중심에 이르는 선분을 반지름으로 하는 구면을 하나 그려 공을 외피와 작은 솔리드 볼 하나로 나눈다.) 공의 외피는 만유인력에 어떠한 공헌도 하지 않고 나머지 작은 솔리드 볼만 만유인력에 공헌을 하며 방향은 원의 중심을 향함이 분명하다.

만약 저항을 고려하지 않는다면(에너지 소모 없음), 구멍 안으로 자유 낙하하는 무거운 물체는 구의 중심으로 향하는 힘을 받아 구의 중심에 도달할 때까지 계속 가속 운동을 할 것이다. 이때 무거운 물체가 받는 합력은 0이지만 여전히 속도가 있기 때문에 계속해서 작은 구멍을 따라 운동한다. 다만 구의 중심을 지난 뒤에도 여전히 원의 중심을 향하는 힘을 받기 때문에 감속 운동을 하게 된다. 역학적 에너지 보존(conservation of mechanical energy, 물체에 작용하여 일을 하는 힘이 중력 등과 같은 보존력일 때 물체의 역학적 에너지가 일정하게 유지되는 일 - 옮긴이)에 따라 무거운 물체는 틀림없이 구멍의 반대쪽 출구에 도달할 것이며 도달할 때의 속도는 시속 0일 것이다. 이때 무거운 물체는 여전히 구의 중심을 향하는 만유인력을 받기 때문에 왔던 방향으로 다시 되돌아가려 할 것이므로 무거운 물체는 계속 터널을 따라 왕복 운동을 하게 될 것이다. 그러나 저항을 고려한다면 무거운 물체의 역학적 에너지는 오가는 과정에서 소모되기 때문에 최종적으로는 구의 중심(위치에너지가 가장 낮은 지점)에서 멈출 것이다.

Q | 왜 투명한 금속은 없는가?

물체가 왜 투명한지에 대해서는 앞서 설명한 바 있기 때문에 여기에서는 간단하게 몇 가지만 짚고 넘어가겠다. 물리적 감각을 익히려면 먼저 '투명'과 '금속'의 개념을 명확하게 알아야 한다. 금속은 굳이 설명하지 않아도 쉽게 이해할 수 있다. 위키백과의 설명에 따르면 금속은 광택(가시광선에 대해 강렬하게 반사함)이 있고 전연성이 좋으며 전기 및 열 전도성이 우수한 물질이다. 이는 그다지 엄밀하지 않은 설명이고 좀 더 전문적으로 말하자면 원소 주기율표에서 오른쪽 위 구석의 일부 원소들을 제외하면 모두 금속 물질이라 할 수 있다. 금속의 성질 중 하나는 금속 원자 사이를 돌아다니며 모든 원자와 결합하는 대량의 '자유전자'가 있다는 것이다.

'투명하다'는 말은 무슨 뜻일까? 글자를 보고 무슨 뜻인지 대충 이해할 수는 있겠지만 좀 더 명확하게 말하자면 빛이 통과한다는 뜻이다. 여기에서 말하는 빛은 가시광선만을 가리킨다. 어차피 X선 같은 것이라면 통과하지 못하는 물질이 드물 테니까.

왜 어떤 물질은 통과하고 어떤 물질은 통과하지 못하는 것일까? 거시적으로 보자면 거의 모든 전자기파 문제는 맥스웰의 전자기이론(Maxwell's electromagnetic theory)으로 설명할 수 있다. 간단히 말해 맥스웰 방정식에 경계조건(boundary condition, 미분 방정식을 풀 때 추가로 제한이 되는 조건들 – 옮긴이)만 더하면 전자기파의 매질 속 전파 방정식을 풀 수 있다. 매질과 관련된 양은 유전율(전매 상수)과 투자율이다.

그럼 왜 어떤 매질은 빛이 통과하는 것일까? 그 이유는 이 소재의 유전율과 투자율이 마침 맥스웰 방정식이 가시광선 밴드의 해를 가지게 하기 때문이다. 빛이 통과하지 못하는 매질은 가시광선 밴드의 해가 없다.

그럼 여러분의 궁금증을 풀어주기 위해 다음에서는 전자기파가 금속 안에서 전파되는 미시적 메커니즘에 대해 알아보겠다. 금속 안에 있는 수많은 자유전자는 모든 원자와 결합한다. 그런데 가시광선이 금속 안에서 전파되지 않는 것은 이 자유전자들의 전자기에 대한 응답 특성 탓이 크다. 이는 아주 복잡한 전자기 상호작용과 관계된 문제이므로 더 이상의 설명은

하지 않겠다. 결론은 자유전자의 전자기 응답 때문에 금속은 어떠한 주파수 이하의 광자(가시광선은 이 범위 내에 있다.)에 대해 강한 반사율을 갖게 되었다는 것이고, 대다수 금속이 광택을 띠는 이유도 바로 이 때문이다.

Q 고도가 높은 곳이 고도가 낮은 곳보다 추운 이유는 무엇인가? 고도가 높을수록 태양에 가까워지는 것 아닌가?

사실 지구 표면 대기의 온도는 고도가 올라감에 따라 점점 낮아지는 것이 아니라 고도마다 달라진다. 대류권과 성층권을 예로 들어보자. 대류권에서는 고도가 올라감에 따라 대기 온도가 내려간다. 해발고도가 100미터 높아질 때마다 약 0.6도씩 온도가 내려간다. 반면 성층권 하층부 온도는 기본적으로 항상 일정하고 해발고도가 20킬로미터를 넘는 부분은 고도가 올라감에 따라 온도도 상승한다. 그 이유는 각 구역의 대기가 열을 획득하는 경로가 다르기 때문이다. 모든 대기는 태양의 복사에너지를 통해 열을 얻는다. 바로 이 때문에 질문과 같이 해발고도가 높을수록 태양 빛이 강하므로(태양과의 거리가 가까워서가 아니라 태양 빛에 대한 대기의 흡수가 비교적 약하기 때문이다.) 온도가 더 높을 것이라는 생각을 하게 된 것이다. 그러나 대기층 하부의 공기는 상황이 좀 달라서 지표면도 직접적으로 공기를 가열할 수 있다.

최근 몇 년간의 보도를 보면 지표 온도가 70도를 넘은 도시도 적지 않은 것으로 보아 확실히 지표는 공기를 가열한다. 그런데 해발고도가 높을수록 지표의 가열 효과는 미미해져 해발고도가 낮은 곳은 온도가 높고 해발고도가 높은 곳은 온도가 낮다. 성층권 대기의 경우, 지면의 영향은 무시해도 될 수준이고 태양 빛 복사에서만 열을 얻는다. 해발고도가 상승함에 따라 공기의 오존 함량도 증가해 대기의 자외선 흡수도가 증가하므로 온도는 점차 상승하게 된다.

Q | 빛을 조사(照射)하면 물체에 압력이 가해지는가? 그렇다면 왜 사람은 빛에 압사되지 않는 것인가?

현대 물리학에서 보면 힘은 매우 본질적인 개념이 아니다. 힘의 본질은 운동량이 단위시간 내에 변한 양 또는 운동량 전이의 상호작용의 표현 형식이라고 할 수 있다. 이 점은 고전역학에서 힘 $F=dP/dt$라 정의하고 있다. 그러므로 어떤 과정에 힘이 존재하는지를 판단하려면 이 과정에 운동량의 전이가 있는지, 또는 상호작용에 참여한 양측에 운동량의 변화가 있는지를 살펴봐야 한다.

설명은 이쯤에서 줄이고 다시 빛을 조사하면 물체에 압력이 가해지느냐는 문제로 돌아가보자. 양자역학에서 보면 사실 빛은 전자(電磁) 상호작용의 전파자다. 광자(光子)는 어느 정도의 운동량과 에너지를 가지고 있다.

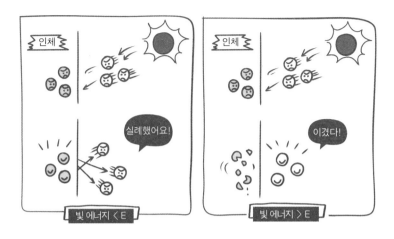

진공에서 그것의 운동량 크기는 에너지와 정비례하고 비례상수 c는 진공
에서의 광속이다. 빛이 물체를 비출 때 빛은 흡수되거나 반사된다. 이 두
과정은 광자의 운동량을 변화시키기 때문에 빛이 조사된 물체는 힘의 작
용을 받게 된다. 혹자는 이렇게 물을 것이다. "나는 날마다 햇볕을 쬐는데
왜 빛의 압력을 느낀 적이 없는가?" 이유는 간단하다. 일상생활 속에서 빛
이 가하는 압력은 작아도 너무 작기 때문이다. 그래서 정신이 혼미해질 정
도의 뙤약볕 아래서도 당신이 받는 빛의 압력은 겨우 대기압의 천억 분의
몇에 불과하다(전 지구가 받는 태양 빛의 압력은 수만 톤 정도 될 것이다).

 왜 거울에 비치는 모습은 상하가 뒤집히는 것이 아니라 좌우가
       바뀌는 것일까?

그 이유를 알기 위해 먼저 간단한 가설을 세워보자. 무중력 환경

에서 동그란 거울 앞에 선 '점' 관찰자는 아주 신기한 현상을 발견하게 된다. 점은 상하좌우를 구분할 수 없으니 거울 속에 비치는 상도 좌우가 바뀌었는지 아니면 상하가 바뀌었는지 알 길이 없다는 것이다. 점을 구분할 수있는 유일한 방향은 거울 면에 수직인 방향이다. 만약 거울이 무한대로 크다면 점은 거울 면에 평행한 운동이 있는지조차 알 수 없을 것이다.

사람도 이와 마찬가지다. '어, 거울 속에 있는 나는 좌우가 바뀌었네?'라고 할 때, 우리는 또 다른 자신이 거울 면의 수직중심선을 180도 돌아 거울뒤로 갔다고 생각해 '아, 거울에 비치는 내 모습은 실제의 나와 좌우가 바뀌는구나!'라는 결론을 내린 것이다. 사실 회전축을 수평중심선에 둬도 된다. 그러면 상하가 바뀌었다는 결론을 얻을 수 있다.

Q | 최대 하중이 100킬로그램인 외나무다리가 있다. 체중이 80킬로그램인 성인이 15킬로그램짜리 가방 2개를 교대로 공중으로 던졌다가 잡는 동작을 반복하면서 다리를 건널 수 있을까?

가방을 던지는 과정을 분석해보자. 가방을 잡는 순간부터 위로향하는 힘을 가해 먼저 속도가 0이 될 때까지 감속 하락하게 하고 속도가0이 되면 다시 가속 상승하게 한다. 뉴턴의 운동 제3법칙에 따라 이때 가방도 우리에게 밑으로 향하는 힘을 가할 것이다. 이 힘은 외나무다리가 당신에게 추가적인 지지력을 제공해 평형을 이루어야 한다. 다시 말해 우리가 외나무다리에 추가적인 압력을 가한다는 말이다. 우리는 가방에 가하는 힘을 일정 시간 동안 크기와 속도가 변하지 않는 힘, 즉 F라고 가정해보자. 우리가 가방을 잡았다가 다시 던져서 우리 손을 떠나기까지의 시간을 t라 하고, 가방의 질량을 m이라 하면 $(F-mg)t=2mv$가 된다.

이 과정이 발생할 때, 다른 가방은 반드시 계속 공중에 떠 있어야 한다. 가방 2개를 던지는 과정은 똑같으므로 시간 t는, 초속도 v로 수직 상승 운동하는 가방이 다시금 우리 수중으로 돌아오는 시간 $2v/g$보다 정확히 작다. 다시 말해 다음과 같다.

$$t < (F\text{-}mg)\,t/mg$$
$$F > 2mg$$

정리하자면 교대로 던지고 잡는 행위는 압력을 감소시키는 작용을 하지 못한다. 가방을 교대로 던지고 잡는 방법으로 다리를 건너고 싶다면 먼저 차례로 가방 2개를 다리 건너편으로 던진 다음에 다리를 건너면 된다.

Q 적도상에 우주 엘리베이터를 건설해 위성을 가지고 엘리베이터에 탄 채로 정지궤도 위성 고도까지 올라가 엘리베이터 문을 열고 가볍게 위성을 밖으로 밀었다고 가정해보자. 이 위성은 엘리베이터 문 밖에서 정지한 채로 둥둥 떠서 정지궤도 위성이 될까, 아니면 밑으로 추락할까?

위성은 떨어지지 않는다. 위성이 원운동을 하는 데 필요한 구심력이 마침 그 위성이 받는 인력의 크기와 같고 방향도 같기 때문이다. 다시 말해 이때의 만유인력이 구심력 역할을 한다는 뜻이다.

$$G\frac{Mm}{r^2}=m\omega^2 r$$

정지궤도 위성의 운동주기는 지구의 자전주기와 같으므로 등식을 통해 위성이 지구와 어떤 확정적인 거리를 유지할 것임을 알 수 있다. 위성의 추진체는 일을 해서 인력을 극복해야 할 뿐만 아니라 궤도상에서 운동하는 운동에너지를 제공해야 한다. 우주까지 이어진 엘리베이터를 건설했다고 가정해보자. 이 과정에서 인력을 극복하는 일은 상승하는 엘리베이터가 맡는다. 엘리베이터의 승강 통로는 적도에 고정되어 있으므로 엘리베이터 설비 전체는 지구 자전주기와 동일한 원운동을 한다. 그래서 우리가 위성을 안고 우주로 향할 때, ω와 r의 평형조건에 도달하면 떨어지지 않을 테니 정지한 위성을 보게 될 것이다. 사실 이때 우리도 위성과 같이 원운동을 하게 될 것이며 만유인력이 구심력 역할을 하므로 무중력상태에 놓이게 된다.

Q │ 기차가 정지해 있는 상태에서 객실 공중에 드론을 띄워 정지해 있게 한 다음 기차를 출발시키면 드론은 객실 벽에 부딪치는가? 이와 반대로 빠르게 달리는 기차 객실 안에서 드론을 띄우면 드론은 기차와 같은 속도로 움직이는가?

먼저 사람이 기차 안에 앉아 있는 상황을 생각해보자. 기차가 출발하면 좌석은 사람에게 추력(推力, 물체를 운동 방향과 같게 미는 힘-옮긴이)을 가해 사람을 앞쪽으로 가속시킨다. 이 때문에 사람은 기차와 계속 동일한 속도로 달리는 상태가 된다. 객실 공중에 떠 있는 드론의 경우, 기차는 출발하면서 지면에 대해 계속 가속을 하는데 객실에 앉아 있는 사람과 달리 드론은 앞쪽으로 가속하도록 미는 물체가 없기 때문에 (공기의 작용은 매우 제한적이라서 무시해도 된다.) 계속 제자리에 떠 있으므로 결국 객실 벽에 부딪치게 된다.

만약 등속 직선운동을 하고 있는 기차 안에서 드론을 띄운다면 원래 드론은 기차와 동일한 속도를 가지고 있었기에(드론은 객실 안에 멈춰 있었다.) 공중에 뜨는 과정에서 다른 물체가 미는 힘이 없더라도 기차와 (수평 방향으로) 상대정지상태를 유지할 수 있다. 이런 상황에서는 객실 벽에 부딪치지 않는다. 그러나 만약 드론이 공중에 뜬 후에 기차가 가속하기 시작했다면 드론은 객실 벽에 부딪치게 된다.

Q │ 생명체가 탄생하기 위해서는 반드시 물이 있어야 하는가? 그렇다면 다른 자원을 바탕으로 탄생한 생명체는 없는 것일까? 생명체는 생명체 거주가능 영역에서만 나타날 수 있는가?

현재까지의 지식으로는 답할 길이 없다. 일단 체내에 물을 내포하지 않은 생명체는 아직까지 발견된 바 없지만 그렇다고 해서 생명체는 반드시 물을 내포해야 한다는 증거도 없다.

하지만 적어도 인류가 외계 생명체를 찾을 때 항상 물부터 찾는 이유는 말할 수 있다. 바로 물이 생명을 담는 그릇으로서 다음과 같은 독보적인 장점들을 가지고 있기 때문이다.

하나, 생명을 유지하려면 용제가 그 무엇보다 중요하다. 용제가 있어야 신진대사가 가능해지고 영양분을 흡수하고 노폐물을 배출할 수 있다. 다른 용제에 비해 물 분자는 쉽게 형성되는 편이다. 물 분자의 화학적 구조는 매우 단순해 수소와 산소, 두 가지로만 형성되는데 수소는 우주에서 가장 풍부한 원소이고 산소는 세 번째로 많은 원소다.

둘, 물의 녹는점은 0도이고 끓는점은 100도다. 이는 대다수 유기 화합물이 반응에 참여할 수 있으면서도 그 구조가 파괴되지 않는 온도 구간으로 유기 화합물이 반응을 일으키는 이상적인 환경이다.

셋, 물의 비열은 비정상적일 정도로 높다. 물 1킬로그램을 증발시키기 위해 필요한 열량이 거의 600킬로칼로리나 된다. 이 말은 곧 물을 담체로 하는 생명체는 외부의 온도 변화에 대한 저항능력이 훨씬 강하다는 뜻이다.

넷, 물은 표면장력이 매우 크다(실온에서 물보다 표면장력이 큰 것은 수은뿐이다). 이는 유기 화합물이 한데 모이는 데 큰 도움을 주어 생명 진화에 일조한다. 그 외에도 여러 가지가 있겠지만 이 정도만 알아두면 될 것 같다.

Q | 왜 빛은 물체로 막을 수 있는데 소리는 막을 수 없는가?

사실 소리도 물체로 막을 수 있고 빛은 물체로 막을 수 없기도 하다. 해당 질문에서 말한 빛은 우리 눈에 보이는 가시광선이고 해당 질문이 말한 소리도 우리가 들을 수 있는 소리만을 말한다.

물리에서 빛과 소리는 모두 파동현상이나 하나는 전자파, 다른 하나는 기계파라는 점이 다를 뿐이다. 그리고 어떤 것이 물체에 막히는지를 결정짓는 요소는 단순하다. 바로 파장의 크기와 물체의 크기다. 만약 파장이 물체 크기보다 훨씬 작다면 물체에 막힐 것이고 반대의 경우라면 막히지 않을 것이다.

가청 주파수 대역의 소리 파장은 17미터(20Hz)~17밀리미터(20kHz) 범위 내에 있다. 우리가 일상생활에서 사용하는 거의 모든 물건의 크기도 이 범위를 벗어나지 않기 때문에 소리의 파동은 이 물체들을 에둘러 우리에게 들리게 된다. 이런 현상을 소리의 회절이라고 한다. 반면 가시광선 파장의 자릿수는 수백 나노미터(nm)에 불과한데 이 크기는 일상생활 속 물체들의 크기에 비하면 극히 작기 때문에 빛은 거의 직선파로 보인다.

문제의 핵심은 빛이냐 소리냐가 아니라 파장이다. 소리의 파장이 너무 짧을 때는 물체를 비켜 갈 수 없다. 초음파가 바로 거의 직선으로 전파되는 소리 음파다. 마찬가지로 파장이 긴 광파나 전자파는 물체를 비켜 갈 수 있다. 집안 곳곳에서 와이파이 신호가 잡히는 이유도 바로 이 때문이다.

Q │ 열역학 제2법칙에 따라 세계는 갈수록 혼란스러워질 것이다. 그런데 왜 질서를 구현할 수 있는 세포, 생물, 그리고 인류가 생겨난 것인가?

'세계'라는 단어는 두 가지 의미로 이해할 수 있는데, 하나는 전 우주를 가리키는 것이고, 다른 하나는 지구를 의미한다.

열역학 제2법칙은 고립계에서 무질서도의 변화는 항상 증가하는 방향으로 일어난다고 설명한다. 첫 번째는 세계가 전 우주를 가리키는 입장에서 봤을 때 열죽음(heat death, 우주의 종말 가능성 중 하나로 운동이나 생명을 유지할 수 있는 자유에너지가 없는 상태 - 옮긴이)이론과 관련된 것이다. 두 번째 의미에서 보자면 이 문제는 복잡해진다. 지구는 고립계가 아니라 시시각각 외계와 물질에너지 교환을 진행하기 때문이다. 비고립계에는 열역학 제2법칙을 무턱대고 적용할 수 없으므로 세계가 점차 더 혼란스러워질 것이라고 성급하게 결론지을 수 없다.

사실 생명의 출현은 좁은 의미의 세계에서 보자면 질서를 구현하고 있지만 전 우주 측면에서 보면 혼란을 가중시키고 있다. 생물체는 생명을 유지하기 위해, 즉 열역학적 평형상태에서 동떨어진 질서를 유지하기 위해 끊임없이 체내에 고질서의 저엔트로피 음식물을 주입하고 저질서의 고엔트로피 산물을 배출해야만 체내에서 발생하는 불가역적인 엔트로피 증가 과정을 안정시켜 활력을 보일 수 있다. 다시 말해 생명이 창조해낸 질서는 끊임없이 생명계 밖의 질서를 희생하는 대가를 치러야 한다. 거시적인 생태계의 입장에서 보면 최초의 음식물은 주로 태양의 전자기 복사(주로 가시광선)를 통해 얻을 수 있었다. 녹색 식물은 광합성을 통해 그것들을 이용했다.

최종 산물은 인체의 섭씨 37도 체온 복사같이 생물이 호흡작용으로 발생시키는 열복사(주로 적외선)와 오랜 옛날에 살았던 동식물의 사체가 변한 화석연료 이 두 가지로 나뉘는데 전자가 주를 이룬다. 종합적으로 보아 이는 엔트로피가 증가하는 과정이다. 흑체복사(blackbody radiation)이론에 따라 동량의 적외선 열복사의 엔트로피는 동량의 가시광선 열복사의 엔트로피보다 훨씬 크기 때문이다(엄밀하게 흑체복사는 아니지만 정성적 결론은 바뀌지 않을 것이다). 한편 화석연료의 엔트로피는 이 둘 사이에 있으므로 생명의 출현은 열역학 제2법칙에 위배되지 않는다.

우주에 관한
1분 물리학

Q 지구 속은 꽉 차 있는가 아니면 비어 있는가? 과학자들은 지구 내부가 핵, 맨틀, 지각으로 이루어져 있는 것을 어떻게 알게 된 것일까?

19세기 프랑스 소설가 쥘 베른(Jules Verne)의 《지구 속 여행(Journey to the Center of the Earth)》은 주인공 일행이 화산 분화구를 통해 지구 중심으로 뛰어들면서 겪는 흥미로운 이야기다. 쥘 베른이 활동하던 시기, 사람들은 지구 내부의 구조에 대해 잘 알지 못해 지구 속이 텅 비었을 것이라는 주장이 대세를 이루었고 지구 중심까지 이어진 동굴을 찾으려는 모험가들이 한둘이 아니었다. 그러나 조금만 깊이 생각해보면 지구 속이 텅 비었다는 생각은 이치에 맞지 않는다는 사실을 깨닫게 된다. 만약 속이 비었다면 지구는 어떻게 그렇게 큰 질량을 가진 물체들이 서로 끌어당기는 중력에 저항해 중력이 붕괴되지 않도록 할까?

각각의 문제를 하나씩 살펴보자. 인류는 지구의 분층 구조를 발견할 때 지진파를 이용했다. 1910년 크로아티아 과학자 안드리야 모호로비치치(Andrija Mohorovičić)는 지진파의 속도가 땅속 어느 지점에서 갑자기 빨라지는 것을 발견했다. 이것이 바로 지각과 맨틀의 경계면인 모호로비치치 불연속면(Mohorovčić discontinuity)이다. 이어서 1914년에는 미국의 과학자 베노 구텐베르크(Beno Gutenberg)가 땅속 더 깊은 곳에 지진파의 속도가 달라지는 곳이 더 있음을 발견했다. 이것이 맨틀과 지구 외핵의 경계를 이루는 구텐베르크 불연속면(Gutenberg discontinuity)이다.

그러나 아직도 우리는 땅속 세계에 대해 제대로 알지 못한다. 현재까지 인류가 다다를 수 있는 깊이에는 한계가 있다. 러시아 콜라반도에서 이루어진 시추 작업에서 지하 12,000미터 지점까지 뚫는 데 성공했지만 그래

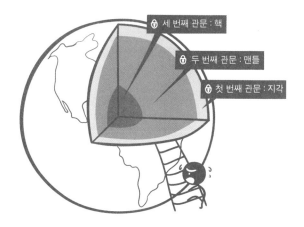

봐야 지각도 다 뚫지 못한 셈이다. 마그마 등에 대한 연구를 통해서도 맨틀 물질에 관한 데이터를 얻을 수 있지만 아직까지도 지구 내부를 구성하는 물질의 성분에 대해서는 과학적 입증을 거치지 않은 추측이 난무한다.

Q | 지구는 왜 태양 빛이 계속 비치는데도 점점 뜨거워지지 않는가?

지구는 점점 뜨거워지고 있다. 다만 단순히 태양 빛 때문이 아니라 온실 효과 탓이 클 뿐이다. 지구는 태양 빛에서 에너지를 얻는데 지구가 탄생했을 때부터 지금까지 태양은 줄곧 지구를 비춰왔으니 지구상의 에너지는 점점 많아져야 하고 온도도 점점 올라가야 하지 않나?

그렇지 않다. 지구라는 열역학계는 끊임없이 태양복사에너지를 흡수하면서 밖으로 에너지를 발산한다. 지구에 조사된 태양 빛 중 일부는 지표에 흡수되고 일부는 식물의 광합성작용을 통해 생물에너지로 저장된다. 그런데 동물의 활동이 이 생물에너지를 소모해 열로 바꿔 주위 환경 속에 퍼뜨린다. 이런 요소들은 모두 지구 환경 속의 에너지를 높인다.

온도를 가진 물체는 모두 바깥으로 열을 내보내는데 열을 발산하는 방식에는 열전도, 열대류, 열복사가 있다. 지구도 예외는 아니다. 다만 우주라는 환경을 마주한 지구가 할 수 있는 발산 방식은 복사뿐이다. 그래서 지구는 태양 빛에서 에너지를 얻으면서 또 적외선 복사를 통해 우주로 에너지를 내보낸다. 흡수열과 복사열이 평형을 이루면 지구의 온도는 일정하게 유지된다. 물론 이 열평형에 도달해야만 일정 온도를 유지한다. 온실 효과는 간단히 말해 대기층 속의 이산화탄소 등 기체 농도가 점점 높아져 원래 우주 밖으로 복사했어야 할 적외선이 대기에 흡수되는 현상이다. 이때 밖으로 내보내야 할 열이 줄어든 상황에서 지구가 흡수한 에너지는 그대로이기 때문에 지구 전체의 온도가 상승하는 것이다.

Q | 지구와 다른 모든 행성의 자전하는 힘은 어디에서 비롯되는가? 또 어떤 에너지가 행성을 계속 자전하게 만드는가?

매우 기초적인 질문이지만 궁금해 하는 사람이 많기 때문에 이 기회에 설명하고자 한다. 이상적인 상황에서는 물체가 운동하는 데 따로 에너지가 필요하지는 않다. 물체는 원래 영원히 운동해나갈 수 있다. 이는 갈릴레이가 발견한 고전역학의 기본법칙 중 하나다. 현실에서 물체가 종종 계속해서 운동상태를 유지하지 못하는 이유는 마찰력, 공기저항 등 에너지 산일작용이 보편적으로 존재하기 때문이다. 그래서 물체가 운동을 유지하려면 별도의 에너지가 필요하다.

그런데 행성이 진공 속에서 자전하는 데는 산일작용이 거의 없기 때문에 오랫동안 자전할 수 있으며 별도의 에너지도 필요 없다.

여기에서 한 가지 강조할 점이 있는데 영원히 자전한다는 말이 영원히 움직인다는 뜻은 아니다. 영구기관의 정의는 글자 그대로 '영원히 구동되는 기관'이 아니라 쓸 수 있는 에너지를 영원히 생산할 수 있는(다른 불가역 변화를 발생시키지 않는) 기관을 의미한다.

Q | 지구의 자전속도는 느려지고 있는가?

그렇다. 지구의 자전주기, 다시 말해 하루의 길이는 10만 년마다 1.6초씩 늘어난다. 지구의 자전속도가 느려지는 요인은 외부 요인과 내부 요인으로 나눠볼 수 있는데, 그중 외부 요인이 주요인으로 작용한다. 외부 요인은 주로 오랜 세월에 걸친 조석마찰로 인한 것이고, 내부 요인은 불규칙한 지구 핵의 운동과 계절성 대기운동에서 비롯된다.

조석마찰을 간단히 설명하자면 달과 태양이 지표면의 71%를 차지하는 바다를 통해 조석을 일으켜 지구가 느리게 자전하도록 하는 것이다. 지구 표면의 조석은 양쪽이 살짝 부푼 타원체를 형성하는데 그 회전속도가 지각의 회전속도보다 느린 까닭에 지각과 바다 사이의 격렬한 마찰이 지구 자전속도를 느리게 만드는 것이다. 또 조석의 회전 각속도(축에 대해 자전이나 공전하는 물체의 시간당 각의 변화량 – 옮긴이)가 달의 각속도보다 빠른 까닭에 바다의 일부 각운동량(어떤 원점에 대해 선운동량이 돌고 있는 정도를 나타내는 물리량 – 옮긴이)은 조석력을 통해 발생한 토크(torque, 돌림힘이라고도 하는데 회전축에서 일정한 거리만큼 떨어진 지점에 힘을 가했을 때 물체의 회전운동을 변화시키는 물리량 – 옮긴이)를 달에 전달한다. 물론 지구상에 불규칙하게 분포하는

물질의 경우, 지구 자전 각속도가 상대적으로 더 크기 때문에 달 조석력이 발생시킨 평균 토크를 통해 각운동량을 달에 전달한다. 설령 지구가 완벽한 구체라 하더라도 중력의 작용으로 변형이 일어나 토크를 발생시킬 것이다. 이것이 바로 조석고정이다.

또한 에너지 보존의 법칙으로 인해 지구 자전속도가 느려짐과 동시에 달 공전 주기는 길어지고 서서히 지구에서 멀어진다. 결국 이 조석마찰과 토크의 작용은 작용과 관련된 양측을 서로 고정시킨다. 한마디로 달의 공전 주기와 자전주기가 일치한다는 뜻으로 이 말은 곧 하루와 한 달의 시간이 같다는 뜻이기도 하다. 우리가 늘 보는 달은 사실 옛날부터 지금까지 계속 같은 면만 보여주고 있다. 이는 달의 질량이 지구의 질량보다 훨씬 작아 달의 조석고정이 더 일찍 완료됐기 때문이다. 이와 똑같은 과정이 태양과 지구 사이에서도 일어난다. 현재 지구에서 1년의 시간은 하루보다 훨씬 크다. 언젠가 지구가 태양에 대해 조석고정을 완료하면 하루와 1년의 시간이 일치하는 상황이 벌어질 것이다. 그렇게 되면 정말로 하루가 1년 같아질 것이다. 물론 충분히 긴 시간이 흘러야만 지구와 달, 태양과 지구가 각각 조석고정을 이룰 테지만 말이다. 다른 측면에서 보면 이는 태양의 행성인 지구가 아직 상당히 젊은 축에 속한다는 뜻이 되기도 한다.

지구의 자전속도가 느려지는 내부 요인 두 가지, 즉 불규칙한 지구 핵의 운동과 계절성 대기운동은 다음과 같이 이해할 수 있다. 하나는 각운동량이 변하지 않을 때 각속도의 크기는 변할 수 있다는 것이고, 다른 하나는 각속도의 방향과 각운동량의 방향은 다를 수 있다는 것이다. 예를 들어 피겨스케이팅 선수가 제자리에서 스핀 동작을 할 때, 팔을 몸으로 바짝 붙이면 회전속도가 빨라지게 된다. 각속도 방향이 회전하는 물체의 주축과 평행하지만 않다면 각속도 방향은 계속 변하게 된다. 극단적인 상황을 가정해보자. 길고 가는 막대기를 위로 던져 장축 방향을 따라 빠르게 회전시켰다고 하자(이 막대기가 충분히 가늘다면 그것이 기여한 각운동량은 무시해도 된다). 그런 다음 막대기를 수직 장축 방향을 따라 회전하게 던져 올린다. 이때의 각속도는 공중에서 바뀔 수밖에 없지만 각운동량은 변하지 않는다. 이 점을 이해하면 지구 내부 운동으로 인한 자전속도의 변화도 이해할 수 있다.

마지막으로 지구 자전속도를 느리게 만드는 내부 요인을 하나 더 알려주겠다. 이건 지구인이라면 누구나 참여할 수 있는데, 왼쪽으로 통행하는 차량을 전부 오른쪽으로 통행하게 한다면 시간이 하루 늘어나게 된다.* 물론 하루의 시간이 늘어났다는 말은 차량이 모두 제자리에서 움직이지 않는 상황에서 그러하다는 말이고 그 변화 역시 매우 미미하다.

---

* 각운동량 방향은 지구 자전 방향(서쪽 →동쪽)을 따라간다고 정의한다. 교통규칙 중 차량이 좌측통행해야 한다는 규칙을 우측통행해야 하는 것으로 바꾸면 회전축에 대한 교통수단의 각운동량이 증가한다. 이는 동쪽을 향하는 모든 운동이 그 전에 비해 지구의 자전축으로부터 멀어지는 까닭에 더 많은 순방향 각운동량을 얻기 때문이다. 이와 반대로 서쪽을 향하는 운동은 역방향 각운동량을 줄인다. 예를 들어 동서 방향(다른 방향은 모두 이 두 방향 중의 하나인 물량에 투영한다.)의 교통 흐름이 같다면 전 지구 좌표계의 관성 모멘트는 변하지 않는다. 지구 좌표계의 총 각운동량은 일정하게 보존되므로 지구의 각운동량이 감소해 지구의 자전속도가 느려지게 된다.

Q | 오로라는 왜 녹색인가?

오로라가 무엇인지 먼저 알아보자. 오로라는 지구 자기장이나 태양에서 온 고에너지 대전입자 흐름이 고층 대기 분자 또는 원자를 여기 (excitation, 들뜸. 외부에서 에너지를 가해 원자나 분자의 가장 바깥쪽에 있는 전자가 높은 에너지 상태로 이동하는 것-옮긴이)시켜 발생한다. 쌓음 원리(바닥상태의 원자에서 에너지가 가장 낮은 오비탈부터 전자가 차례대로 채워지는 것-옮긴이)에 따라 여기상태(excited state, 들뜬 상태. 양자역학계에서 바닥상태보다 더 높은 에너지 상태-옮긴이)는 불안정하며 여기된 원자는 얼마간 기다린 뒤(이 시간을 수명이라고 한다.) 일정한 에너지의 광자를 방출하고 나서 안정된 바닥상태로 돌아간다. 이 과정에서 방출하는 빛을 오로라라고 한다. 대기 분자를 이루는 주요 성분은 질소와 산소다.

오로라의 색깔은 주로 여기상태에 의해 결정된다. 다시 말해 대기 분자의 구성 및 입사 전자의 에너지 크기에 의해 결정된다. 입사 전자의 에너지가 그다지 크지 않다면 산소 원자가 여기되기 쉬워 최종적으로는 557.7나노미터의 연녹색 광파가 발생한다. 그리고 에너지가 상당히 크면 질소 원자가 여기되기 쉬워 최종적으로 427.8나노미터의 청색광이 발생한다. 또 에너지가 매우 크다면 630나노미터의 적색광을 내보낸다.

대기 상층부의 공기 밀도는 작지만 수명이 긴 원자의 충돌은 엄청난 영향을 미친다. 예를 들어 630나노미터 적색광의 수명은 약 110초다. 그런데 이런 여기상태에 놓인 원자에 다른 원자가 와서 부딪치면 여기상태가 변해 바닥상태로 돌아갈 때 내보내는 빛의 색깔도 이에 따라 변하기 때문에 더는 적색을 띠지 않게 된다. 한편 557.7나노미터의 연녹색광의 수명은 1초 정도다. 육안으로 관찰할 수 있는 저층의 공기 밀도는 고층에 비해 상당히 큰 편으로 충돌이 자주 발생하는 까닭에 육안으로 확인 가능한 오로라는 대개 녹색을 띤다.

Q | 태양은 어떠한 불덩이인가?

태양의 주요 성분은 수소와 헬륨이며 다른 원소들도 소량 섞여 있다. 태양은 주로 내부 핵융합을 통해 에너지를 얻는다. 태양의 구조는 상당히 복잡한데 안쪽에서 바깥쪽까지 각기 다른 층으로 이루어져 있다. 육안으로 볼 수 있는 가시광선은 주로 바깥쪽에 가까운 광구층에서 내보낸 것이며, 그 온도는 약 5,000도이다(위치에 따라 다르다). 이런 점에서 본다면 태양은 초고온 불덩어리와 닮은 구석이 있다. 광구는 다양한 종류의 원소를 내포하고 있는데 태양 스펙트럼에서 그 구체적인 성분을 추측할 수 있으며, 그 원리는 불꽃 반응과 비슷하다. 더 바깥쪽에 있는 코로나는 온도가 매우 높아 섭씨 100만 도에 달하기 때문에 기체가 희박한 데다 거의 완전히 이온화되어 있다. 이런 플라스마의 고속 운동은 자기장(태양 자기장을 발생시키는 원천은 여러 가지다.)을 발생시키며 이 자기장도 플라스마의 운동에 영향을 미친다. 이뿐만 아니라 이온과 전자의 자기장 속 회전운동 및 진동은 각종 전자기파복사를 불러오기도 한다. 이밖에 자기재 연결(magnetic reconnection, 여러 쌍의 자기장들이 합쳐져 자기에너지를 입자에너지로 변환시키는 현상 - 옮긴이)과정은 엄청난 양의 에너지를 폭발적으로 방출해 여러 현상을 일으킨다.

정리하자면, 태양을 불덩이에 비유하는 것은 직관적이기는 하지만 지나치게 단순화한 것이다. 태양은 평범한 불덩이와는 비교할 수 없을 정도로 다양한 물리현상을 내포하고 있다.

Q │ 지구 중력으로는 왜 헬륨 원소를 잡아둘 수 없는 것일까?

이 질문은 만유인력과 탈출속도(escape velocity)에 대한 질문이다. 공기 중의 분자를 미니 위성이라고 상상해보자. 그러면 이 미니 위성의 속도가 지구 중력장에서 탈출할 수 있는 속도인 제2우주속도 11.2km/s보다 빨라지면 지구 중력을 완전히 벗어나 드넓은 우주로 날아갈 수 있다. 실온 근처 기체 온도와 분자의 평균 운동에너지의 관계를 고려하면 평균제곱근 속도 $v = (3RT/M)^{1/2}$을 얻을 수 있는데, 여기에서 M은 분자의 몰질량이다. 이는 질량이 작은 기체 분자일수록 운동속도가 빠르다는 사실을 설명한다.

그렇더라도 헬륨 원자의 속도는 초당 수천 미터에 불과해 제2우주속도보다 훨씬 느리다. 하지만 기체의 실제 속도가 확률에 따라 분포한다는 점을 놓치면 안 된다. 이것이 바로 맥스웰의 속도 분포 법칙(Maxwell's law of velocity distribution)으로, 이 법칙에 따르면 헬륨 원자는 긴 꼬리를 늘어뜨리고 있다. 즉 소량인 분자의 속도가 엄청 빠를 수 있다는 말이다. 비록 이런 분자의 비율이 많지는 않지만 지구의 진화과정에 관련된 시간의 척도는 굉장히 커서 수십억 년 동안 누적되었기에 이런 탈출도 상당한 규모를 보이게 되었다.

물론 분자량의 차이로 인해 기체 간의 차이도 커졌다. 이는 지구 대기층에서 수소와 헬륨의 양은 매우 적고 질소, 산소 및 더 무거운 기체가 주를 이루는 이유 중 하나이기도 하다. 다른 천체를 살펴보면 달은 중력이 너무 작아 어떤 것도 잡아둘 수 없고, 화성은 지구보다 중력이 약간 더 작아 질소와 산소가 탈출하기 쉬운 까닭에 그보다 무거운 이산화탄소가 대기 중에 가득하다. 목성은 지구보다 중력이 훨씬 커서 대기 중에 다량의 수소와 헬륨이 존재한다.

Q | 태양 대기는 주로 수소와 헬륨으로 이루어져 있는데 왜 태양 광선이 통합된 색은 흰색인가?

태양 스펙트럼은 열복사의 결과이지 원자 전이의 결과가 아니다. 수소가 연소할 때의 파란빛은 원자 전이의 결과다. 물체가 단일 광자를 내보내는 것은 여러 수준으로 나눠 살펴볼 수 있다. 분자 수준에서는 에너지가 작으며 대개 마이크로파가 이에 해당한다. 원자 수준에서는 일반적으로 근적외선부터 근자외선(가시광선 포함)까지이고, 원자핵 수준에서는 일반적으로 X선과 그 외의 빛을 방출한다. 물론 어떤 입자의 경우에는 속도 변화(예를 들어, 충돌 같은 상황)로 광자를 방출하기도 한다.

이는 수소, 헬륨 또는 다른 원소들이 빛 스펙트럼을 방출하는 문제인데, 이 질문에서는 원자 등급의 빛 방출을 생각한 것 같다. 수소 원소를 예로 들어보자. 보어의 원자 모형(Bohr model of atom, 원자핵 주위를 운동하는 전자는 특정 궤도상에서만 운동할 수 있다.)에 따르면 수소

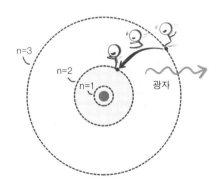

원자 바깥의 전자는 고에너지 준위 궤도에서 저에너지 준위 궤도로 전이하면서 광자를 방출할 수 있다. 예를 들어 전자가 n=3 궤도에서 n=2 궤도로 전이한다면 파장이 656.3나노미터인 광자를 방출할 것이다(적색광에 대응해서).

각각의 원자가 전이할 때 방출하는 에너지는 정해져 있으므로 그들의 전자가 고에너지 준위에서 저에너지 준위로 전이할 때는 특정 광자를 방출하며 모든 종류의 원자는 스스로에 대응하는 특유의 방출 스펙트럼을 가진다. 거시적으로 보면, 수소가 연소할 때 보이는 파란빛과 나트륨이온이 연소할 때 보이는 노란빛 등은 각각의 원소가 가진 특정 스펙트럼이다.

반대로 말하자면, 만약 원자의 전자가 저에너지 준위에서 고에너지 준위로 전이하면 특정 주파수대의 빛을 흡수하게 된다. 예를 들어 풀 스펙트럼 광선을 수소에 비췄다고 가정해보자. 그러면 반대쪽에서 수집한 스펙트럼상에는 흡수된 선들이 보일 것이다. 이것이 수소 원자가 방출한 스펙트럼에 대응하는 스펙트럼선이다.

이어서 태양의 발광에 대해 생각해보자. 태양의 발광은 먼저 원자핵 수준에서 발생한다. 태양이 빛을 내는 것은 본질적으로 태양 내부의 수소핵이 고온 고압에서 핵융합을 일으킨 것이다. 다시 말해 수소 원자 4개가 융

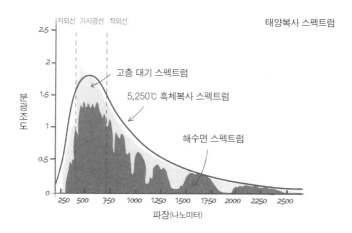

태양복사 스펙트럼

분광조도

고층 대기 스펙트럼

5,250℃ 흑체복사 스펙트럼

해수면 스펙트럼

파장(나노미터)

합해 헬륨 원자 1개가 된다.

수소 원자 4개의 질량보다 헬륨 원자 1개의 질량이 좀 더 크기 때문에 아인슈타인의 질량에너지관계에 따라 감소한 질량은 에너지로 전환되어 γ 광자의 형식으로 방출된다. 그러나 태양 내부 입자의 밀도가 너무 커서 이렇게 복사되어 나온 γ 광자는 끊임없이 다른 입자와 충돌하게 된다. 추정에 따르면 광자가 태양의 핵융합이 일어난 곳에서 태양 표면까지 가는 데는 평균 수백만 년에서 1,000만 년이 걸린다.

이는 통계 측면에서 생각해야 한다. 현재 일반적인 견해로 태양은 흑체로 근사할 수 있다. 흑체 표면에 조사된 모든 복사는 반사되는 것이 아니라 완전히 흡수되며 그가 방출한 빛은 그 열복사에서 비롯된다. 그러므로 온도만 있다면 흑체는 전자기파를 방출할 수 있으며 전자기파의 스펙트럼은 플랑크 법칙(Planck's law)을 따른다. 이것이 바로 흑체복사다. 태양 표면의 온도는 섭씨 5,000도가 넘는데 위의 그림이 보여주는 것이 태양복사 스펙트럼이다. 연한 색은 대기층 위쪽의 태양 스펙트럼이고 두꺼운 선은 섭씨

5,250도의 흑체복사이며, 진한 색으로 칠해진 면은 대기층 흡수를 거친 뒤 해수면에서 측량한 태양 스펙트럼이다.

태양 스펙트럼은 가시광선 대역(390~700나노미터)에서의 강도가 가장 크다. 이 밖에 스펙트럼에서 보이는 톱니는 태양의 표면에 있는 대기 중에서 여러 원소(수소, 헬륨 등)의 스펙트럼 흡수에 대한 결과다.

Q 로켓이 대기층을 벗어나면 뒤쪽으로 분사되는 불꽃은 더 이상 튀어 오를 수 있는 지지물이 없는 상태인데 어떻게 진공에서 계속 앞으로 진행할 수 있는가?

이는 운동량 보존의 법칙이라고 불리는 원리다. 예를 들어 작은 배에서 뒤쪽으로 묵직한 닻을 있는 힘껏 던진다고 가정해보자. 닻을 던지는 순간, 여러분이 타고 있는 작은 배는 앞쪽으로 운동하기 시작한다. 배가 앞으로 전진운동을 한 이유는 물이 배를 밀어서가 아니다.

로켓도 마찬가지다. 로켓 꼬리에서는 대량의 기체가 분출되는데 이 기체는 온도가 매우 높고 분출속도도 빠르다. 배에서 뒤로 힘껏 던진 닻과 같은 이 기체들 때문에 로켓은 앞으로 나아갈 수 있다. 로켓이 방향을 바꾸는 방법도 매우 다양하다. 꼬리 부분 엔진 노즐의 각도를 살짝 조정할 수도 있고 측면에서 기체를 분출해 역추진할 수도 있으며, 자이로스코프 효과(gyroscopic effect, 고속의 회전체가 회전축을 일정하게 유지하려는 성질)를 이용할 수도 있다.

Q 우주선이 비행궤도에서 도킹할 때 왜 동일한 궤도에서 하면 안 되는가? 궤도가 같으면 속도가 같기 때문에 쫓아갈 수 없다고 하는데, 뒤쪽에 있는 우주선은 뒤쪽으로 점화해 가속하는 동시에 지구 바깥쪽으로 점화하거나(구심력을 키우기 위해), 아니면 앞쪽에 있는 우주선의 속도를 늦출 수는 없는가?

원리는 누구나 알지만, 그러려면 얼마나 큰 비용이 들까? 연료를 몇 톤 더 싣고 우주공간으로 향한다는 것은 곧 연료를 더 많이 소모해야 한다는 뜻이다. 하지만 이는 사소한 문제에 불과하다. 중요한 것은 연료를 수백 톤 더 실을 추가 로켓이 일회용이라는 점이다. 하지만 이 또한 엄청 심각한 문제는 아니다.

로켓을 하나 더 달면 원래 계획했던 것이 죄다 엉망진창이 된다는 것이 핵심이다. 뭐, 별수 있나. 그냥 설계부터 연구개발까지 다시 하는 수밖에. 한마디로 엄청, 심각하게, 비경제적인 일이란 말이다. 게다가 질문에서 말한 대로 해서 얻을 효과는 지상에서 발사시간을 바꾸거나 발사방식을 바꾸는 것으로도 충분히 얻을 수 있다.

Q 지구의 질량은 어떻게 계산할 수 있는가?

질량은 물체가 가진 물리적 속성 중 하나로 물질의 양을 측량한 것이며 물질의 관성 크기를 보여준다. 지구의 부피와 위치 때문에 지구의 질량을 직접 측정하는 것은 불가능하다. '긴 지렛목만 있으면 지구도 들어 올릴 수 있다'고 호언장담한 사람이 있긴 하지만 기술적으로 그런 위대하면서도 어려운 임무를 실현하기란 불가능하다. 따라서 지구 질량을 측량할 때는 간접적인 측량 방법을 써야 한다.

여기에서 말하는 방법은 크게 두 가지로 나눌 수 있다. 하나는 질량과 밀도, 부피의 관계를 이용한 것으로 평균밀도를 통해 지구의 질량을 계산했다. 다른 하나는 만유인력의 법칙을 이용한 것으로 지구와 지구 위성의 관계 또는 지구상의 물체가 받는 중력을 통해 지구의 질량을 계산했다. 이 방법으로 지구의 질량을 측정하는 데 있어 가장 중요하다 할만한 진전은 만유인력상수 G를 확정한 것이다. 이것이 바로 그 유명한 캐번디시의 실험(Cavendish experiment)이다.

$$M = \rho V \qquad\qquad ①$$

$$G\frac{Mm}{r^2} = ma = 4\pi^2 mr\frac{1}{T^2}, \quad GM = 4\pi^2 mr^3\frac{1}{T^2}, \quad M = \frac{GM}{G} \qquad ②$$

$$G\frac{Mm}{r^2} = mg, \quad M = \frac{gr^2}{G} \qquad\qquad ③$$

공식 ①에서 지구 부피 V는 기술적 측량으로, 평균밀도는 시할리온 실험(Schiehallion experiment)으로 결정했다. 공식 ②에서 r은 위성 운동 반지름이고, T는 그 운동주기다. 공식 ③에서 r은 지구의 반지름이고, g는 측량점 중력가속도다.

일반적으로 지구 질량을 계산하기 위해서는 지구 대기층의 질량을 고려해야 하며 때로는 운석, 대기탈출(행성 대기에 있는 기체가 우주 공간으로 빠져나가는 것-옮긴이), 온난화 등의 영향까지 고려해야 한다. 현재 지구 질량의 정확한 측정값은 $(5.9722 \pm 0.0006) \times 10^{24}$킬로그램이다.

Q 지구의 공전궤도는 왜 원형이 아니라 타원형인가?

1609년, 케플러는 자신의 첫 번째 법칙과 두 번째 법칙을 발표했다. 케플러 제1법칙에 따르면 행성은 태양 주위를 타원운동하고 태양은 타원의 한 초점에 위치한다. 케플러의 법칙은 엄청난 양의 관측 자료를 바탕으로 내려진 결론이지만, 만약 지구가 태양으로부터 오는 힘만 받는다면 이 힘은 중심력(항상 태양의 중심을 향함)이고, 힘의 크기와 그들 사이의 거리 r은 역제곱관계, 즉 $F \propto \dfrac{1}{r^2}$이며, 에너지 보존의 법칙과 각운동량 보존의 법칙에 의해 중심력의 작용하에서 질점의 궤도 방정식(태양을 좌표계로 한 질량은 환산질량이 된다.)을 구할 수 있음을 수학적으로 증명할 수 있다.

$$\frac{hd\rho}{\rho\sqrt{\dfrac{2E'}{m'}\rho^2 + \dfrac{2mk^2}{m'}\rho - h^2}} = d\varphi$$

이 미분 방정식의 일반 해는 $\rho = \dfrac{P}{1+\varepsilon\cos(\varphi + C)}$이며, 이 해에서 중심력의 작용하에 질점의 궤적은 원뿔 곡선을 이루며, 이심률은 $\varepsilon = \sqrt{1 + \left(\dfrac{E'2h^2m'}{m^2k^4}\right)}$ 임을 알 수 있다.

또한 $E' = -\dfrac{m^2k^4}{2h^2m'}$일 때, 궤도는 원형이며 E'가 0보다 작을 때 질점 궤도는 타원형이다. 이로 보아 궤도가 원형이 되는 조건이 타원형이 되는 조건보다 훨씬 엄격함을 알 수 있다. 다른 천체의 섭동(태양계의 천체가 다른 행성의 인력으로 말미암아 타원 궤도에 약간의 변화를 일으키는 일-옮긴이)을 고려하면 대개 행성의 공전 궤도는 타원형에 더 가깝다. 다만 태양계의 8개 행성의 궤도는 모두 원형에 가까운 편이다. 현재 지구 궤도의 이심률은 0.0167로 사실상 지구의 공전 궤도는 여러분이 그려내는 원보다 훨씬 더 둥글 것이다.

Q | 왜 태양 주위를 공전하는 8개의 행성은 모두 같은 평면 위에 위치하는가? 서로 수직인 궤도상에 나타날 가능성은 없는가?

이 문제는 성운가설로 설명할 수 있다. 일반적으로 태양계가 성간운에서 형성되었다고 하는데, 이 성간운이 형성되는 과정에 다른 성간운 등 다른 물질과의 상호작용이 존재한다. 이는 얼핏 몹시 혼란스러워 보이지만 전체적으로는 일정한 각운동량을 가진다. 중력의 작용으로 성간운의 물질은 점차 안쪽으로 수축해 평평한 원반 모양의 구름을 형성한다. 이 원반의 평면은 대체로 전체 성간운의 각운동량에 수직이며 원반 위아래에서 온 물질은 원반을 지나칠 때 물질의 상호작용을 통해 원래 가지고 있던, 원반에 대해 수직인 운동량을 거의 다 잃는다. 그래서 전체 성간운은 결국 강착원반(accretion disk)에 집중되는 경향을 보인다. 그리하여 최종적으로 원반 중심의 원시별에서 태양이 탄생했고, 나머지 행성들은 기본적으로 이러한 원시 행성계 원반에서 탄생했다. 이는 태양계 행성들의 궤도가 왜 기본적으로 동일한 평면에 있는지 설명해줄 뿐만 아니라 행성들의 공전방향과 태양의 자전 방향이 모두 서쪽에서 동쪽으로 향하는 이유까지 설명해준다.

물론 전체 성간운은 완전히 고립된 것이 아니며 외부에서 온 작용이 탄생과정에 참여했을 테지만 적어도 현재의 태양계만 보자면 성간운의 내부작용에 비해 중요한 역할을 담당하지는 않는 것으로 보인다. 이밖에 태양계의 8개 행성들의 궤도 경사각은 모두 황도로부터 7도 이내로, 지금까지 알려진 행성계만 놓고 말하자면 행성 2개의 궤도가 서로 수직인 것은 아직까지 발견된 바 없다.

Q 우주는 무한한가? 특이점에서 시작된 대폭발로 인해 생겨난 우주가 끊임없이 팽창하는데, 우주의 끝 너머에는 무엇이 있으며 대폭발 이전에는 무슨 일이 있었는가?

지금까지 알려진 바로는, 우주는 유한하지만 끝은 없다. 아주 단순한 예를 들어보자. 구체 하나가 있다. 이 구의 면적은 유한하지만 그 표면의 끝은 없다. 원과 뫼비우스 띠가 이러한 예에 속한다.

우주 밖에는 무엇이 있을까? 많은 학자가 말하길, 아직까지 그 존재가 증명되지 않았을 뿐, 우리가 살고 있는 이 우주 외에도 다른 우주가 있다고 한다. 그렇다면 그 우주 밖에는 또 무엇이 있을까?

아마도 이 문제에 답하려면 상상력을 무한대로 발휘해야 할 것이다. 대폭발 이전에 무슨 일이 있었는지에 관해서는 수많은 관점이 존재한다. 에드워드 비텐(Edward Witten)은 우주가 공(空)에서 생겨났지만, 여기서 말하는 공은 일반적인 의미의 그 공과는 다른 개념이라고 한다.

Q 셀 수 없이 많은 항성이 지구의 모든 방향 위에서 빛나고 있는데도 밤이 캄캄한 이유는 무엇인가?

이 질문은 올베르스의 역설(Olbers' paradox)로, 이른바 '어두운 밤하늘의 역설'이라는 것이다. 이론적으로 우리 우주가 정태적이고 무한하고 영원하다면 어떤 방향에서든 항성을 볼 수 있을 것이고 항성이 내보낸 빛은 무한한 시간 내에 우리 눈에 도달하게 될 것이므로 밤하늘은 어둡지 않고 무한히 밝아야 한다. 그러므로 '정태적', '무한', '영원', 이 세 가지가 모두 맞을 수는 없다. 과학자들은 이 문제에 관해 현재의 우주모형에 대해 많은 견해를 제시했다. 혹자는 '영원'하다는 말이 틀렸다면서(우주는 시작이 있으니까) 멀리 있는 별의 빛은 아직도 이동하는 중이라고 했다. 또 혹자는 '무한'하다는 말은 터무니없다면서(우주는 크기가 있으니까) 항성이 충분히 많지 않다고 했다. 그리고 '정태적'이라는 말은 의심의 여지가 없는 자기기만이라며(우주는 팽창하고 있으니까) 별의 빛은 적색편이기 때문에 보이지 않는 것이라고 주장하는 사람도 있다.

물론 학계의 주류는 이 세 가지 특징이 모두 틀렸다고 믿는데, 그것이 바로 빅뱅 모델이다. 사실 이 역설을 찬찬히 살펴보면 불합리한 가설을 여럿 발견할 수 있다. 예를 들어 항성이 꺼지지 않고 항상 빛을 발한다는 것은 에너지 보존의 법칙에 맞지 않는다. 그러므로 설령 우주가 무한하고 영원하다고 하더라도 빛을 흡수하는 수많은 흡광물질이 존재하는 상황에서 별빛의 평균 에너지 밀도는 육안으로 볼 수 있는 정도에 못 미쳐(단, 이는 올베르스 본인의 해석과 다르다. 여기에서는 항성의 수명을 고려했다.) 밤하늘이 어둡다는 이 기정사실에 부합한다(이는 암흑물질을 찾지 못하는 것과 관계가 있지 않을까?)

Q 빛의 속도가 유한한 이상, 우리가 보는 수만 광년 떨어진 별은 그 별의 수만 년 전의 모습인 셈이 아닌가?

정성적으로 말하자면 그렇다. 장거리 연애 중인 연인이 밸런타인데이 선물을 보냈다고 생각해보라. 선물을 받은 날짜는 2월 14일이지만 보낸 날짜는 틀림없이 그 이전이다. 현재 시간에서 택배원(또는 광자)이 선물을 배달하는 데 사용한 시간을 빼면 언제 선물을 보냈는지 알 수 있다.

하지만 좀 더 깊이 생각해보면 단순하게 그렇다고 답할 수만은 없다. 왜 그럴까? 앞에서 저렇게 간단히 계산한 것은 우리 모두가 어떤 고전적인 좌표계 속에 살고 있다고 묵시적으로 인정하고 있기 때문이다. 다시 말해 전 세계가 동일한 시계를 사용한다는 뜻이다. 만약 신이 시계를 멈추면 모든 곳이 똑같은 시간에 멈추게 된다. 마치 손오공이 '멈춰라!' 하고 외치기만 하면 물을 마시던 스님이든 하품을 하고 있거나 장난을 치던 스님이든 모두가 그 자리에서 돌덩이처럼 딱딱하게 굳어버리는 것처럼 말이다. 구름은 더 이상 흐르지 않고 물보라는 아래로 떨어지지 않으며 태양은 불타오르지 않고 은하수는 돌지 않고 얼굴을 스치는 바람도 제자리에서 굳어버린다.

하지만 상대성이론에서 말하길, 모든 물체는 나름의 시계가 있으며 시계의 빠르기는 그 물체의 속도 및 물체가 위치한 공간의 곡률에 따라 결정된다고 한다. 만약 그 별이 마침 블랙홀 근처에 있다면? 만약 그 별이 빠르게 운동하고 있다면? 설령 광자가 10001년 이동했다는 것을 알더라도 A별이 지구 시간으로 10001년 전에 그 광자를 보낸 것이라고만 할 수 있지, A별의 시간으로 10001년 전에 보낸 것인지는 알 수 없다. 그 광자를 보낸 후에 A별 사람들이 얼마나 많은 시간을 보냈는지를 알려면 그들이 위치한 좌표계를 봐야 한다. 그들 시간의 흐름과 우리 시간의 흐름이 꼭 일치하는 것은 아니다. 공간이 거의 평평하고 상대속도도 크지 않은 상황이라면 고전적인 방법으로 계산할 수도 있다. 화성인들에게 장거리 연애는 엄청 고통스러울 텐데, 그도 그럴 것이 화성에서는 말 한마디 하는 데도 10분을 기다려야 할 것이다.

Q 우주에는 셀 수 없이 많은 별이 있는데 왜 지구는 그 무수한 별들의 중력에 찢기지 않는 것일까?

중력장이 매우 크고 변화가 격렬한 상황에서, 물체는 속도가 바뀔 뿐만 아니라 각 부분이 받는 힘이 고르지 않은 까닭에 조석력에 의해 찢어질 수도 있다. 그러나 블랙홀, 중성자 별 등 밀집성(密集星, compact star)에 가까이 다가가 중력장에 극심한 변화가 일어나는 경우를 제외한다면 지구를 찢을 만큼의 강한 조석력은 드물다.

사실 아직 인류는 우주에 무수히 많은 천체가 존재함을 증명하지 못했다. 설령 천체가 무수히 많다 하더라도 또 다른 측면에서 이 문제를 생각할수 있다. 즉 현재 우주론의 기본가설에 따르면, 초기 우주는 거의 모든 곳이 다 균일하고 등방성(한 지점에서 물질의 중요한 특성이 방향과 관계없이 모두 동일한 상태-옮긴이)을 가졌다. 동일한 천체의 진화 및 구조형성의 법칙을 전제로, 큰 틀에서 봤을 때 지구 주위의 별은 균일하게 분포하고 지구에 대한 중력의 총합도 기본적으로 서로 상쇄되며, 지구의 운동에 분명한 영향을 미칠 수 있는 것은 소규모(예를 들어 태양계)의 힘이다.

Q 항성은 매우 크고 또 엄청 멀리 있는데 어떻게 그 크기와 질량을 측정할 수 있는가?

먼저 망원경을 통해 맨눈으로 봤을 때의 별의 밝기인 겉보기등급과 스펙트럼을 측정한다. 그리고 겉보기등급과 스펙트럼에 근거해 항성의 온도를 알아내는데, 온도와 질량은 깊은 관계가 있으므로 상응하는 관계를 바탕으로 온도를 이용하면 각기 다른 항성의 질량을 구할 수 있다. 그러고는 삼각시차법, 허블의 법칙, 표준촉광 등 여러 가지 방법으로 항성과 지구 사이의 거리를 측정하고, 겉보기등급과 앞서 측정한 거리를 이용해서 항성의 밝기를 계산할 수 있다. 마지막으로 일반적인 항성의 경우에는, 슈테판-볼츠만 법칙(Stefan-Boltzmann law)에 따라 광도는 항성 반지름의 제곱 및 온도의 네제곱에 비례하므로 여기에서 항성의 반지름을 구할 수 있다. 또 비교적 가깝고도 큰 항성의 경우에는 마이컬슨 간섭법(Michelson interferometry), 천체면 통과(transit, 외계 행성이 모항성을 지나갈 때 모항성의 밝기가 감소하는 것을 통해 외계 행성을 찾는 방법 – 옮긴이) 등의 방법으로 직접 측량할 수도 있다.

Q | 우주마이크로파 배경복사란 무엇인가? 어떻게 초기 우주의 모습을 볼 수 있는 것인가?

현재의 우주학 모형에 따르면 우주마이크로파 배경복사(CMB; Cosmic Microwave Background radiation)의 기원에 대해서 알려면 팽창우주의 초기, 카오스일 때부터 이야기를 시작해야 한다.

빅뱅이 끝나고 얼마 지나지 않았을 무렵 우주의 온도는 극도로 높았다. 이처럼 높은 온도에서는 중입자 물질이 전자와 결합할 수 없었고 전자기파는 극도로 뜨거운 물질 속에서 자유롭게 다닐 수 없어 늘 주위 물질과 상호작용을 일으켰다. 그러나 우주는 계속 팽창했다. 팽창은 온도를 낮췄고 온도가 충분히 낮아진 뒤에는 전자와 중입자 물질이 결합할 수 있어 광자가 자유롭게 돌아다닐 수 있게 되었다.

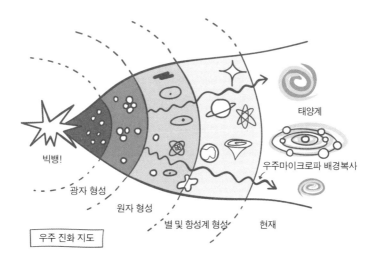

태양계

우주마이크로파 배경복사

빅뱅!

광자 형성

원자 형성

별 및 항성계 형성

현재

우주 진화 지도

맨 처음 밖으로 빠져나온 광자가 우주를 균일하게 채워 배경복사를 형성했다. 그러다 우주가 팽창하면서 이 최초 광자들의 파장도 공간의 팽창과 더불어 길어지고 그 주파수는 낮아졌다. 현재 우주 배경복사는 거의 마이크로파 근처에 있다. 이것이 바로 우주마이크로파 배경복사다. 주파수 스펙트럼을 보면 CMB는 완벽한 흑체복사이며, 각분포를 보면 CMB는 등방적이라 어느 각도에서 보든 비슷하다. 그러나 탐측 기술이 발달하면서 CMB 온도가 미미하게나마 오르내리는 것이 발견되었다. 이 말은 어느 각도에서 보나 비슷한 것이 아니라 우주에 관한 수많은 정보가 비등방적인 분포 속에 내포되어 있다는 뜻이다.

CMB가 형성된 이후로 정도의 차이만 있을 뿐, 이후 우주의 모든 진화과정에 CMB의 광자가 개입했으며 우주가 막 생겨날 때의 과정, 예를 들어 바리온 음향 진동(Baryon acoustic oscillations, 바리온과 전자가 아직 결합하지 않았을 때 우주 사이에 전달된 음파로, 음파의 파라미터는 우주 초기의 물질 구성, 공간 곡률, 초기 밀도의 오르내림 등과 모두 연관이 있다.)도 CMB에 흔적을 남겼을 것이다. 그러므로 CMB에는 매우 많은 정보가 담겨있다.

Q | 우리는 천체의 위치를 어떻게 정하는가? 수억 광년 떨어진 천체가 있는 곳을 어떻게 알 수 있는가?

어떤 천체의 위치를 확정하려면 지구에 대한 그 천체의 위치와 거리를 알아야 한다. 위치를 나타내는 방법은 매우 많은데 가장 일반적으로 사용되는 것은 적도 좌표계(equatorial coordinate system)다. 적도 좌표계는 지구를 둘러싼 천구를 설정한 다음, 천체를 천구 표면에 투영해 지구 위경도와 비슷한 개념으로 천구에 투영된 천체의 좌푯값을 얻는 것이다.

삼각시차법은 거리를 측량하는 오래된 방법이다. 지구가 태양 주위를 공전할 때, 측량 대상의 천구상 위치는 반년 뒤에 각도 변화를 보인다. 지구의 공전 반지름을 알면 기하학관계를 이용해서 천체까지의 거리를 간단히

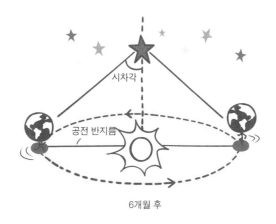

6개월 후

측량할 수 있다. 더 멀리 떨어진 천체의 경우, 초신성을 이용해 거리를 측량할 수 있는데 Ia형 초신성의 절대밝기는 항상 똑같기 때문에 표준촉광으로 쓸 수 있다. 관측된 밝기를 이용하면 목표 천체와 지구의 거리를 환산할 수 있으므로 우주에서 거리를 잴 때의 참조계로 쓸 수 있다. 2011년 노벨 물리학상은 초신성 거리 측량을 이용해서 우주의 가속팽창을 발견한 3명의 과학자에게 수여되었다.

Q 기체상태의 행성은 정말로 기체로만 이루어져 있는가? 어째서 기체상태의 행성은 고체상태로 변하지 못하는가, 액체상태로만 이루어진 천체도 있을까?

기체상태 행성은 완전히 기체로만 이루어진 것이 아니라 겉에서 보기에 기체상태인 것뿐이다. 기체상태 행성의 구조를 살펴보면 일반적으로 바깥층은 기체상태 분자이고 그 안쪽은 압력으로 인해 분자가 뭉쳐 액체화되어 있으며 가장 안쪽에는 고체상태의 내핵이 자리 잡고 있다.

목성을 예로 들어보자. 목성의 바깥층은 수소와 헬륨의 혼합 기체로 이루어져 있고, 안쪽으로 약 1,000킬로미터 정도 들어가면 점차 기체상태에서 기체와 액체가 혼합된 상태로 바뀌다가 액체상태 금속성 수소로 변한다. 이 액체상태 금속성 수소는 중심부를 향해 내려가 대략 목성 반지름의 78% 되는 지점까지 차지한다. 그리고 그 안쪽에는 고체상태의 내핵이 존재한다(다만 현재 이 내핵의 존재는 모형 추측 단계에 머물러 있다). 그러므로 엄격한 의미에서 말하자면 기체상태의 행성이라는 표현은 부정확하다. 목성의 대부분(질량이든 반지름이든)이 고체상태이거나 액체상태이기 때문이다. 물

목성의 구조도

☑ 수소, 헬륨 혼합 기체
☑ 액체상태 금속성 수소
■ 고체상태 내핵

론 기체상태의 행성은 그 표면이 기체로만 이루어진 행성이고 지구, 화성과 같은 고체상태의 행성은 그 표면에 고체상태의 육지가 있는 행성이라고 이해할 수도 있다(사실 지구 내부도 액체상태의 마그마로 되어 있다).

사실 행성을 차지하는 물질이(내핵에서부터 바깥층까지) 고체냐, 액체냐, 기체냐는 그 행성의 구성 물질, 질량, 단위면적당 압력, 온도 및 존재하는 환경 등에 의해 결정된다. 진공에서 순수한 액체상태의 천체는 존재할 수 없다. 액체상태와 진공 사이에는 이를 연결해줄 과도상태가 필요하다. 중력이 너무 작으면 액체상태의 분자가 점점 진공 속으로 확산되다가 결국에는 깔끔하게 휘발될 것이고 적당한 중력이 작용하면 물체 내부는 액체지만 바깥층은 기체로 싸여 있을 수 있다(고체상태의 내핵을 없앤 목성이 바로 이런 상황에 해당한다). 순수하게 액체로만 이루어진 행성이 존재할 수 있다는 잘못된 인식을 심어준 것은 아마도 영화 속에 등장하는 우주선 안에 물방울이 떠다니는 장면일 것이다. 여기서는 물방울이 떠다니는 환경을 생각해야 한다. 즉 우주선 안의 단위면적당 압력은 1표준대기압이다.

Q │ 우주에서의 모든 반응은 엔트로피가 증가하는 방향으로 일어나는 것으로 알고 있는데 새 별은 어떻게 형성되는가?

새 별은 새 항성을 말한다. 별과 별 사이의 공간, 즉 성간공간(interstellar space)에는 성간매질(interstellar medium)이 가득한데 이 성간매질의 분포는 고르지 않다. 예를 들어 은하계는 절반 정도의 성간매질이 2% 정도의 성간공간에 집중되어 있다. 이처럼 성간매질의 밀도가 상대적으로 높은 부분을 성간운(interstellar cloud)이라고 한다.

성간운의 밀도가 가장 높은 부분에서는 분자가 생존할 수 있는데 이 암흑성운(dark nebula)을 분자운(molecular cloud)이라고 부르며, 바로 이 분자운 속에서 새로운 별이 태어난다. 분자운의 밀도가 높아지면 질량이 충분히 커지면서 온도는 낮아지는데(이는 압력을 낮춘다.) 자가중력(self gravity)이 압력보다 커질 때 분자운은 중력 붕괴를 일으킨다. 분자운의 밀도 분포가 고르지 않은 까닭에 밀도가 높은 곳이 다른 곳보다 더 빨리 중력 붕괴를 일으켜 수많은 분자운 코어로 분열한다. 이 분자운 코어가 원시별의 씨앗이 되는 것이다.

분자운 코어의 중심부는 바깥쪽보다 중력 붕괴속도가 빨라 중심과 바깥층이 분리되는데 안쪽에서부터 바깥쪽으로 한 층씩 자유 낙하 붕괴할 때 각운동량 보존으로 인해 떨어지는 물질은 강착원반을 형성하며, 이 강착원반이 중심에서 자라고 있는 원시별에 물질을 공급한다. 태양 질량의 8~10,000%인 원시별은 다시금 일련의 진화과정을 거쳐 주계열성(main sequence star, 태양이 바로 주계열성이다.)이 된다.

우주 진화의 방향에 관해서 말하자면, 분자운이 붕괴해 원시별이 되는 과정에서 그 자체의 엔트로피는 확실히 감소하지만 끊임없이 외부로 에너지를 복사해 외부의 엔트로피는 증가하게 된다. 이를 좀 더 엄밀하게 말하자면, 자가중력체계(self-gravitating systems)는 평형상태에 이를 수 없으므로 (전 우주가 하나의 자가중력체계다.) 열역학을 적용할 수 없고 엔트로피 증가의 법칙을 논할 수도 없다.

Q 슬링샷은 어떻게 가속을 실현하는가? 에너지 보존의 법칙을 고려하면 에너지는 변하지 않을 테고 기체의 저항이 있을 때는 감소하기까지 할 텐데 어떻게 속도가 빨라질 수 있는가?

에너지 보존의 법칙을 고려할 때는 총알(이것이 비행체라고 가정해보자.)뿐만 아니라 그것과 상호작용을 일으킬 슬링도 생각해야 한다. 예를 들어 슬링이 행성이라면 이 두 계는 에너지와 운동량 보존의 법칙을 따라야 한다.

단순한 유도로 결론을 얻을 수 있다. 둘의 상대운동속도는 변하지 않을 테니 행성속도를 U라 하고, 비행체 속도를 V라고 하면 둘이 맨 처음 서로

의 방향으로 운동할 때 상대운동속도는 $U+V$이다. 비행체가 행성을 돌고 나면 둘의 운동 방향이 같고 행성의 운동속도는 기본적으로 불변하니(사실 약간 감소하지만 무시해도 될 수준이다.) 비행체의 실제 운동속도는 $2U+V$로 변해 가속을 실현하게 된다.

　물론 이것은 굉장히 단순화시켜서 얻은 결론이지만 영화 〈마션〉에서 NASA의 한 연구원은 이 방법으로 주인공을 구출하자고 제안했다. 실제로 슬링샷 효과는 우주선 가속에 활용된다. 미국이 1977년에 발사한 보이저 1호 탐사선은 목성과 토성을 지나갈 때 중력도움(gravity assistance, 슬링샷과 같은 의미의 용어-옮긴이) 비행으로 가속해 2014년 9월 13일에 마침내 태양계를 벗어났다. 이로써 보이저 1호는 최초로 태양계를 벗어난, 인류가 만든 비행체가 되었다.

Q | 지구를 비롯한 천체는 왜 다들 둥근 것일까?

　　어떤 별이 정육면체라고 가정해보자. 이어서 반가운 오류가 등장하는데, 만약 정육면체의 체심부터 면심까지의 거리가 R이라면 정육면체의 체심부터 정점까지의 거리는 $R^{1/3}$이 된다. 다시 말해 별의 중심으로부터 정점이 훨씬 멀다면 중력 위치에너지는 면심의 중력 위치에너지보다 커야 한다. 온 우주가 게을러터졌다는 사실을 알아야 한다. 저에너지 상태에 있을 수 있는데도 굳이 고에너지 상태로 건너가는 일은 결단코 일어나지 않는다. 이렇게 제멋대로 군 대가가 결코 만만치 않기에 정육면체 별은 기지개를 펴며 정점 근처의 물질을 서서히 면심 쪽으로 빚어간다. 그리하여 정점은 서서히 안쪽으로 꺼지는 반면 면심은 바깥쪽으로 튀어나오게 된다.

뭣이라? 손이 없는데 어떻게 빚냐고? 좋은 질문이다. 다들 만유인력의 법칙을 알고 있을 텐데, 이는 행성에 있는 돌 한 개, 진흙 한 덩이조차 중력을 가진다는 사실을 알려준다. 여기서 모든 돌, 진흙 중력의 벡터합이 바로 당신에 대한 행성의 중력이다.

정육면체의 표면을 놓고 보자면, 중력이 모든 곳에서 수직으로 아래쪽을 향하는 것은 아니다. 예를 들어 당신이 면심에서 왼쪽으로 약간 치우친 곳에 있다면 당신의 오른쪽에는 왼쪽보다 더 많은 돌과 진흙이 있을 것이다. 그렇다면 이렇게 해서 합쳐진 중력은 당신을 면심 쪽으로 밀 무게를 가지게 된다.

그러니 중력이 바로 진흙을 빚는 손이다. 뭐라고? 행성에 있는 것은 죄다 고체 물질인데 고체 형상은 마음대로 바꿀 수 없지 않은가? 물론 고체는 마음대로 형상을 바꿀 수 없지만 그것도 경우에 따라서는 다르다. 질량이 충분히 큰 행성이라면 중력작용이 원하는 대로 고체의 형상을 마음껏 바꿀 수 있다. 그리하여 정육면체는 중력 위치에너지가 더는 줄어들 수 없을 때까지 이리 빚어지고 저리 빚어지기를 반복한다. 그래서 정육면체가 '아, 이 정도면 됐겠구나!' 하고 진흙 빚기를 멈췄을 때 정육면체는 자신이 구체가 되었음을 깨닫게 된다.

Q | 왜 행성의 고리는 모두 적도상에 있을까?

행성의 고리는 일반적으로 모행성의 위성이 모행성의 로슈 한계 (Roche limit) 내에 들어가다가 모행성의 기조력에 의해 찢기면서 형성된 것이다. 또 모행성의 기조력은 위성을 형성할 수 없기 때문에 그 자체가 모행성의 로슈 한계 내에 있었을 수도 있다. 어떤 상황이든 행성의 고리가 형성되는 데 있어 가장 중요한 것은 모행성의 기조력이다. 행성의 적도 평면상의 기조력이 가장 커서 행성 기조력에 이끌려 행성 고리를 이루는 물질이 행성 적도면을 따라 운동한다.

Q 우주에서 현재까지 알려진 온도 중 가장 높은 온도는 몇 도이며, 이는 어떤 조건에서 이루어졌는가?

우주대폭발을 제외하면, 우주에서 현재까지 알려진 최고 온도는 지구에서, 그것도 인위적으로 달성되었는데 섭씨 5.5조 도였고 유럽입자물리연구소의 대형 강입자 충돌기(LHC; Large Hadron Collider)에서 납이온을 광속에 가까운 속도로 가속시킨 뒤에 충돌시켜 발생시켰다. 이 온도에서는 양성자와 중성자조차도 융해돼 '쿼크-글루온 플라스마(QGP; Quark Gluon Plasma, 초고온/초고압에서 쿼크와 글루온들이 액체와 같은 자유도를 가질 것이라 예측되는 상태-옮긴이)상태로 변할 것이다.

Q 블랙홀도 온도가 있을까?

블랙홀의 온도는 낯설지 모르지만 같은 의미를 내포한 블랙홀의 복사 문제는 귀에 못이 박히도록 들어봤을 것이다. 블랙홀 복사 문제를 다시금 설명하고자 한다. 스티븐 호킹은 블랙홀의 에너지는 가상 광자를 주입해 이 광자쌍을 멀리 떼어둘 수 있는데, 그중 하나는 블랙홀로 떨어지고 다른 하나는 소멸되어 짝을 잃게 된다고 했다. 짝을 잃고 홀로 남은 광자는 중력으로부터 블랙홀을 빠져나갈 에너지와 동력을 얻어, 짝이 블랙홀에 떨어질 때 그 자신은 블랙홀을 빠져나간다. 이 같은 과정이 블랙홀 사건의 지평선 근처에서 반복해서 발생해 연속적인 복사 흐름을 형성하게 된다(이는 양자 효과를 고려한 결과다). 먼 곳에 있는 관찰자는 복사에 대응하는 온도를 관측할 수 있는데, 이 온도는 블랙홀 사건의 지평선 부근 중력장의 강도에 의해 결정된다.

이 문제는 블랙홀 엔트로피에서 시작되었다. 일반상대성이론에 따르면 블랙홀 내부는 고도의 질서정연한 상태여야 하는데 이는 엔트로피 증가의 법칙에 명백히 위배된다. 호킹은 만약 블랙홀에 0이 아닌 일정한 온도를 부여할 수 있다면 이 문제를 제대로 해결할 수 있을 것이라는 사실을 발견했다. 상대성이론과 양자역학을 제한적으로 결합한 내용을 빌려 길고 긴 계산을 한 끝에 얻은 결론은 다음과 같다. '블랙홀은 엔트로피가 있고 온도도 있다.' 태양 3개의 질량을 가진 블랙홀을 예로 들면, 그 엔트로피는 1 뒤에 0을 78개 더한 것 정도이며, 온도는 약 10^{-8}켈빈(K) 정도다.

Q | 왜 블랙홀은 증발하는가?

양자장론에 따르면 진공에서는 입자와 반입자가 쌍으로 생성된다. 정상적인 상황에서 생성된 입자-반입자 쌍은 어느 정도 시간이 지나면 다시 서로 충돌해 소멸한다. 그러나 만약 입자-반입자 쌍이 하필이면 블랙홀의 경계에서 생성된다면 그중 하나는 블랙홀로 떨어지고 나머지 하나는 블랙홀 밖으로 빠져나갈 수도 있다. 한번 블랙홀에 떨어지면 다시는 빠져 나갈 수 없으므로 블랙홀에 떨어지지 않은 입자는 소멸될 수 없어 계속 공간 속을 떠돌아다니게 된다.

이 과정의 결과는 마치 우주 공간에 뜬금없이 입자 하나가 짠!! 하고 나타난 것이나 다름없다. 실상도 이와 다를 바 없지만, 그 대가는 블랙홀의 등가 질량에서 입자가 하나 적어진 것으로 이는 블랙홀이 바깥을 향해 입자 하나를 증발시킨 것과 같다. 이것이 호킹이 말한 블랙홀 증발이다.

Q 우주의 나이는 약 130억 년이다. 그렇다면 우주가 탄생한 순간부터 지금까지 빛이 130억 광년밖에 못 갔다는 말인가? 그렇다면 970억 광년이나 되는 우주를 어떻게 관측할 수 있는가?

130억 년이라는 우주의 나이는 여러 가지 방법을 이용해 종합적으로 얻은 결론이다. 그중 한 가지 방법은 먼저 우주에서 가장 오래된 백색왜성을 찾아 그 백색왜성이 형성되기 전 항성의 진화 및 항성의 진화와 우주 탄생이 시간상 어떤 관계가 있는지를 고려하는 것인데, 이런 요소들을 종합적으로 고려해 추산한 우주의 나이는 약 130억~170억 년이다.

한편 관측 가능한 우주가 970억 광년이라는 말은, 우리가 볼 수 있는 가장 멀리서 온 광자가 바로 970억 광년 떨어진 곳에서 방출된 것이라는 뜻이다. 우주는 끊임없이 팽창하고 있다. 허블 법칙(Hubble's law)에 따르면 우리에게서 멀리 떨어져 있는 것일수록 팽창하는 속도가 더 빠르고 공간의 팽창속도는 광속을 넘어설 수 있다(그 이유는 이 과정이 질량과 정보를 동반하지 않아 상대성이론을 위배하지 않기 때문이다). 이는 광자가 지구에 도달했을 때 그 광원까지의 거리는 이 광자를 방출할 때 우리로부터의 거리보다 더 멀어지도록 만들기 때문에, 우리가 관측할 수 있는 가장 먼 거리는 광속과 우주의 나이를 곱한 것보다 멀다.

Q ┃ 큰 항성은 죽어서 블랙홀이 된다. 그렇다면 블랙홀은 죽어서 다른 천체가 되는 것일까?

호킹복사를 통해 입자를 내보내고 그 입자는 점차 사라지다가 증발되지만 그 속도가 굉장히 느리고 질량이 클수록 복사도 느리다. 태양만 한 질량 블랙홀의 복사 등가 온도는 60나노켈빈(nK)에 불과하다. 다시 말해 절대영도보다 겨우 6×10^{-8}켈빈 높을 뿐이다. 그리고 달과 동일한 질량의 블랙홀 복사 등가 온도는 약 2.7켈빈이다. 이건 어느 정도일까? 이는 태양만 한 질량의 블랙홀이 완전히 증발해 사라지려면 10^{67}년이 걸리는데, 우주의 나이는 겨우 10^{10}년 정도에 불과하다는 뜻이다.

Q ┃ 우주론적 적색편이란 무엇이며, 중력 적색편이와 도플러 적색편이는 또 무엇인가?

도플러 적색편이란, 어떤 발광원이 빛을 방출하면서 여러분에게서 일정한 속도로 멀어진다면 이 발광원이 방출한 빛의 주파수는 작아진다는 것이다(그 정도는 이 속도가 광속에 얼마나 가까운지에 따라 결정된다).

중력 적색편이(gravitational redshift)란, 어떤 광원이 중력이 엄청 큰 천체에서 바깥쪽으로 광선을 발사하면 이 광선의 주파수는 작아지고 이때 광선의 폭은 중력의 크기에 따라 결정되는 것을 말한다. 광선의 주파수가 작아진다는 것은 광선의 에너지가 작아진다는 뜻이다. 에너지가 작아지는 이유는 에너지 중 일부가 중력을 극복하는 데 쓰였기 때문이라고 볼 수 있다(이렇게 말하는 것은 그다지 적확하지 않다. 강중력장에서 중력위치에너지를 정의하는 것은 결코 간단한 일이 아니기 때문이다). 우주론적 적색편이(cosmological redshift)란, 우주가 팽창하는 상황에서 우리에게서 멀리 떨어진 천체일수록 더 빠른 속도로 멀어지기 때문에 그 천체들이 방출하는 빛의 주파수가 작아져 보이는 것을 말한다.

Q 암흑에너지가 주도하는 우주에서, 우주는 근사한 지수로 가속 팽창한다. 우주 속의 임의의 두 점 사이의 거리가 끊임없이 멀어진다면 왜 은하 그보다 더 작은 구조는 산산조각나지 않는 것인가?

먼저 프리드만 방정식(Friedmann equation)에 대해 알아보자. 프리드만 방정식은 우주의 기하구조를 서술하는 방정식이다. 마치 빵빵하게 부푼 풍선처럼 우주에 있는 임의의 어떤 점들은 모두 일정한 속도로 서로에게서 멀어진다. 단, 우리가 사는 우주는 4차원 풍선의 3차원 면(시간을 고려하지 않는다면)으로 속박상태와 비속박상태를 잘 구분해야 한다. 공간 속의 물질은 어떤 한 지점에 못 박혀 있는 것이 아니라 공간 안을 자유롭게 돌아다닌다. 물론 물리법칙에 따르면서 말이다. 속박상태의 계(예를 들어 단일 은하)는 공간이 커진다고 그 자신도 따라서 커지지 않는다. 아직도 잘 모르겠다면 풍선 위에 자석 2개가 서로 붙어 있다고 상상해보라. 풍선을 더 크게 불어도 이 자석들은 떨어지지 않는다. 공간 팽창 효과는 서로 자유로운 계(예를 들어 서로 상당히 떨어져 있는 2개의 은하)를 통해서만 관찰할 수 있다.

Q | 우주 속의 반물질도 관측이 가능한가? 만약 가능하다면 어떻게 관측할 수 있는가?

우리 눈에 보이는 탁자, 의자, 휴대전화, 컴퓨터 등은 모두 원자로 이루어져 있으며, 원자는 양성자, 중성자, 전자로 이루어져 있다. 이런 것들을 물질이라고 부른다. 물론 이는 그저 반물질과 구별하기 위한 명칭일 뿐이다. 반물질(antimatter)은 질량을 제외한 모든 성질이 물질과 반대되는 것을 말한다.

예를 들어 전자의 질량이 9.1×10^{-31}킬로그램이고 전하가 $-e$이면, 이 물질의 반물질 양전자의 질량도 9.1×10^{-31}킬로그램이지만 전하는 $+e$가 된다. 양성자, 중성자 또는 쿼크도 이와 마찬가지라서 반양성자, 반중성자 등으로 반원자를 합성할 수 있다.

반물질이 물질(예를 들어 전자와 양전자)과 만나면 소멸해서 고에너지 광자 또는 다른 물질-반물질 쌍이 된다. 그렇다면 이쯤에서 의문이 든다. 넓디넓은 우주는 온통 물질로 가득 차 있으니 반물질은 생기자마자 소멸되는 셈 아닌가? 그렇다. 현재까지의 이론에 따르면 초기의 우주 CP가 깨지면서 물질이 반물질보다 약간 더 많아졌다. 그 결과, 반물질은 완전히 소멸하고 물질은 조금 남아 그 남은 것들이 지금 우리의 손, 발, 이 땅을 형성했다.

그렇다면 우주 공간에는 아직도 반물질이 있는가? 있다. 초기 우주의 반물질은 이미 다 소멸했지만 우주 공간 안의 고에너지 입자가 서로 충돌하는 과정에서 반물질이 생겨나기 때문이다. 우주 공간 안에는 물질이 매우 희박해서 반물질은 물질과 만나 소멸되기 전에 아주 멀리 도망치거나 오랫동안 살아남을 수 있다. 그렇다면 반물질은 얼마나 있을까? 많지 않다. 반양성자는 양성자의 1/10,000(GeV급)에 불과하다.

지금까지 질문과 관련된 배경지식을 먼저 살펴봤는데 이제 질문 내용을 살펴보자. 반물질도 관측이 가능한가? 만약 가능하다면 어떻게 관측할 수 있는가? 물론 반물질도 관측이 가능하다. 그렇지 않으면 어떻게 반물질의 존재를 알았겠는가? 최초의 반물질(양전자)은 윌슨 구름상자를 통해 관측되었다. 반물질을 관측하는 방법은 사실 매우 단순했다. 자기장을 가한 상태에서 입자 하나가 지나간 다음, 구름상자 안의 기체가 전리되어 궤적 하나를 그렸다. 이 궤적의 반지름을 측정하고 연필로 계산해보니 이 입자가 질량, 전하, 전자는 완전히 똑같은데 왼쪽으로 휘었음을 알게 되었다. 전자라면 오른쪽으로 휘어야 하는데 말이다. 양전자는 이렇게 발견되었다.

Q 우주는 팽창한다. 거리가 먼 은하일수록 더 빨리 멀어진다. 이 멀어지는 속도가 광속을 넘어설 수 있는가? (공간의 팽창과 상대운동을 같이 논할 문제가 아니더라도 말이다.)

가능하다. 또한 초광속은 정보를 전달할 수 없으므로 그 은하들을 다시 볼 일은 없을 것이다. 우리가 관측할 수 있는 우주는 일정한 범위 안에 있는 것뿐이다.

Q 속도가 광속에 가까운 입자를 블랙홀을 향해 쏘면 이 입자의 속도는 광속을 초월하게 되는가? 특수상대성이론에 따르면 정지질량을 가진 입자는 질량이 커지기 때문에 광속까지 속도가 빨라질 수 없다고 한다. 만약 속도가 광속에 근접한 입자를 블랙홀을 향해 쏘면 중력질량과 관성질량이 일치하므로 이 입자는 엄청난 가속도를 가져 광속을 초월할 수도 있다. 이러한 결론에 도달하기까지의 과정에서 어디가 잘못된 것인가?

이 문제는 특수상대성이론으로는 해결할 수 없다. 이는 일반상대성이론으로 넘어가 블랙홀의 중력장이 시공의 휘어짐에 미치는 영향을 생각해봐야 한다. 만약 여러분이 블랙홀의 중력장에서 멀리 떨어진 정지 좌표계에서 광속에 가까운 속도로 블랙홀에 떨어지는 사람을 본다고 가정해보자. 그가 블랙홀에 가까워질수록 시야는 여러분 시간의 유속에 비해 더 느려질 것이므로 사실상 여러분은 그가 광속을 넘어서는 것을 볼 수 없다. 오히려 그가 블랙홀에 떨어지는 속도가 점점 더 느려지다 못해 아예 시야에서 완전히 정지하는 것을 보게 될 것이다. 다시 말해 중력 효과 때문에 여러분의 좌표계에서 보면 그는 무한히 긴 시간이 지나야만 블랙홀에 떨어지게 된다.

한편 그 사람의 좌표계에서는 블랙홀이 광속에 가까운 속도로 운동하기 때문에 그는 유한한 시간 내에 블랙홀에 떨어지게 된다. 게다가 그가 보는 블랙홀도 광속을 넘어서는 속도로 운동하지 않는다. 속도는 벡터이고 현재 휘어진 공간에 있음을 명심하라. 휘어진 공간의 서로 다른 지점의 벡터를 비교할 때는 평면 공간에서의 결론을 그대로 따르지 말고 각별히 조심해야 한다.

Q | 중성자는 전기적으로 중성인데 중성자 별의 자기장은 어디에서
온 것인가?

중성자가 전기적으로 중성인 것은 맞지만 실험에 따르면 중성자
내부에는 중성이 아닌 전기 구조가 있다는 것이 밝혀졌다. 간단히 말해 중
성자는 대전된 쿼크 3개로 이루어지는데, 이 쿼크가 중성자 안에서 끊임없
이 운동을 해 자기장이 발생한다. 그래서 중성자의 자기 모멘트는 0이 아
니다. 중성의 원자, 심지어 거시 물체(예를 들어 자석 같은 것)의 자성도 그 안
의 전기 구조에서 기인한다.

비록 중성자 자체는 자기 모멘트를 가지고 있지만 맥동전파원(pulsation
radio star; pulsar, 규칙적으로 펄스 형태의 전파를 방사하는, 자전하는 중성자 별-옮긴
이)을 관측한 결과 단순히 중성자 자기 모멘트만으로 그토록 강한 자기장
을 갖는 것은 아니었다. 그 안에는 당연히 다른 자화 메커니즘이 존재했다
[현재 인류가 관측한 중성자 별 표면 자기감응강도 중에는 1,000억 테슬라(T)에 달하
는 것도 있지만, 실험실에서 진행된 실험 결과는 2018년 기준 최신 기록도 1,200테슬라
에 불과했다]. 중성자 별은 중성자라 불리지만 그 내면에도 전자와 양성자가
존재한다. 게다가 그 안의 전자는 상대론적 고도의 축퇴 전자로 페르미 면
근처의 에너지 상태 밀도가 비상대론적 전자보다 훨씬 크다. 바로 이런 전
자들이 중성자 별의 엄청난 자장을 일으키는 주요인이다(적어도 현재까지의
이론에 따르면 이러하다).

들어도 이해가 안 될 말로 표현하자면, 중성자 별의 강력한 자기장은 중
성자 별 내부의 고도로 축퇴된 상대론적 전자 기체의 파울리 상자화에 의
해 만들어진 유도 자기장에서 기인한다.

정리하자면, 중성자는 전기적으로 중성인 것은 맞지만 자성을 띤다. 중

성자가 자성을 띤 것은 맞지만 중성자 별의 강력한 자기장의 주요 원천이 중성자의 자기 모멘트인 것은 아니다.

참고문헌 |

https://www.smithsonianmag.com/smart-news/strongestindoor-magnetic-field-blows-doors-tokyo-lab-180970436/

양자에 관한
1분 물리학

Q | 슈뢰딩거의 고양이는 죽었으면서 동시에 살아있는 상태라고 하는데 도대체 이 슈뢰딩거의 고양이는 무엇을 의미하는가?

미시 입자는 파동과 입자의 이중성을 지니는데 양자역학에서는 파동함수로 이를 설명한다. 파동함수는 아주 중요한 성질이 있는데, 파동함수를 전개하면 몇 개의 고유함수들이 중첩된 형태가 된다는 것이다. 이를 중첩의 원리(principle of superposition)라고 한다. 한마디로 입자 1개가 스핀 업(up)도 하고 스핀 다운(down)도 한다는 말이다. 이는 직관적으로는 상상하기 어렵지만 수많은 실험에서 입증된 미시 세계의 특징이다. 슈뢰딩거의 고양이 실험에서, 어떤 입자는 붕괴된 상태와 붕괴되지 않은 상태가 중첩된 상태에 있는데, 실험기기는 일단 입자가 붕괴되면 독가스를 방출해 고양이를 죽인다고 규정한다. 만약 입자가 붕괴된 상태와 붕괴되지 않은 상태가 중첩된 상태에 있다면, 입자의 붕괴와 운명을 같이하는 고양이도 삶과 죽음이 중첩된 상태에 놓여있지 않을까?

일단 확실히 짚고 넘어가야 할 점은, 현대의 관점으로 봤을 때 슈뢰딩거

의 고양이는 엄숙함보다 비유성이 큰 사고대상이다. 중첩의 원리도 거시 물체에 직접 적용할 수는 있지만 일반적으로는 그렇게 하지 않는다. 왜냐 하면 양자 중첩, 양자 얽힘 현상은 사실 굉장히 취약해 조심스럽게 다뤄야 하기 때문이다. 거시 물체는 시시각각 변화하는 환경과 상호작용할 수밖 에 없는데, 이러한 상호작용은 취약한 양자상태를 금세 파괴해버린다. 설 령 거시 물체가 처음부터 양자 중첩상태에 있었더라도 그 또한 환경 상호 작용의 교란으로 금세 붕괴된다. 그 속도는 사람이 알아차리지도 못할 만 큼 빠르다.

　이 과정을 거시 물체와 환경의 상호작용의 결잃음(decoherence)이라고 한 다. 이 때문에 양자역학은 늘 옳았음에도, 실생활에서는 죽었으면서 동시 에 살아있는 고양이를 본 적이 없는 것이다. 이는 양자역학 초기에 제시된, 매우 생생하면서도 생각할 거리가 넘치는 비유였지만 지나치게 생생한 탓 에 오히려 수많은 비전문가를 엉뚱한 길로 이끌었다. 슈뢰딩거도 이렇게 될 줄은 몰랐을 것이다.

Q | 양자 얽힘이란 무엇인가?

　　　　양자 얽힘을 이해하려면 먼저 양자 중첩상태를 이해해야 한다. 고전물리에서 사물의 상태는 모두 확정적이다. 어떤 물체가 A 지점에 있 다면 이 물체는 동시에 B 지점에 있을 수 없다. 그러나 양자역학에서는 물 체가 서로 다른 A 지점과 B 지점에 동시에 있을 수 있다. 이런 상태를 양자 중첩상태라고 한다. 이때 이 물체의 위치를 정확하게 측정하면 이 물체는 A 지점과 B 지점 중 한 곳에 임의로 나타난다. 이 과정을 붕괴라고 하는데 외부의 측정(교란)에 대응해 중첩상태의 확률 진폭의 분포를 바꾼다.

그렇다면 양자 얽힘은 무엇인가? 예를 들어 전자 2개가 있다고 하자. 두 전자가 양자 얽힘 상태에 있을 때 둘 중 하나를 측정(교란)해서 이 전자의 양자상태를 바꾼다면, 다른 전자는 측정하지도 않았고 두 전자는 공간적으로 매우 멀리 떨어져 있음에도, 다른 전자의 양자상태도 곧바로 변하게 된다. 한 가지 언급하자면, 양자 얽힘은 순식간에 전달되며 광속의 제한이 없지만 정보를 전달할 수 없기 때문에 상대성이론에 위배되지 않는다.

Q | 양자 얽힘 상태에 있는 입자는 순식간에 스핀 정보를 전달할 수 있다. 그렇다면 에너지도 전달할 수 있을까?

양자 얽힘 상태는 정보를 전달할 수 없으니 에너지 역시 당연히 전달할 수 없다. 얽힘 상태를 순식간에 바꿀 수 있는 것은 파동함수의 상태인데 이는 서로 다른 개념이다.

예를 들어 얽힘 상태에 있는 입자 2개가 하나는 지구에 있고 다른 하나는 시리우스에 있다면 두 입자 모두 스핀 업 또는 스핀 다운할 테지만, 어떤 원인으로 인해 두 입자의 총 스핀은 틀림없이 0이 된다. 만약 측정을 통해 지구상의 입자가 스핀 업을 한다면 이때 시리우스상의 입자 파동함수는 스핀 업도 될 수 있고 스핀 다운도 될 수 있는 상태에서 순식간에 스핀 다운 상태로 변할 것이라고 한다. 이 과정을 파동함수의 붕괴라고 한다. 단, 파동함수 자체는 직접적으로 측정할 수 없기 때문에(직접 측정할 수 있는 것은 파동함수의 절댓값의 제곱이다.) 어떤 물리적 실재에 직접 대응시킬 수 없다. 그래서 파동함수의 붕괴는 어떤 관측 가능한 물체가 '쾅쾅쾅' 하면서 무너지는 과정이 아니다. 좀 더 적확하게 말하자면 어떤 관측 가능한 효과를 일으키지 않는다. 관측 가능한 효과를 일으킬 수 없다면 당연히 정보를 전달할 수 없으므로 상대성이론의 제한을 위배하지 않는 셈이다(정보 전달 속도는 광속을 넘어설 수 없다).

좀 더 깊이 살펴보자. 정보란 무엇인가? 정보는 대집합을 소집합에 사상(寫像)할 수 있는 유용한 지식이라고 할 수 있다. 예를 들어 '연구소는 바오푸쓰차오(保福寺橋)에 있다'라고 하면, 정보를 전달한 셈이다. 연구소를 우주의 어떤 장소에서 바오푸쓰차오로 사상했기 때문이다. 또 '시합에서 이겼다'라고 한 것도 '이기다/지다'의 대집합을 '이기다'의 소집합으로 사상했기 때문에 정보를 전달한 것이다.

그렇다면 얽힘 상태가 정보를 전달할 수 없는 이유를 살펴보자. 예를 들어 시리우스에 앉아 올림픽 경기에서 어느 나라 선수가 이겼는지 여부를 알고 싶다. 지구로부터 몇 광년이나 떨어져 있으니 양자 얽힘으로 중계방송을 볼 수밖에 없다. 지구 쪽과는 이미 말을 맞춰 놨다. 스핀 업이 측정되

면 이긴 것이고 스핀 다운이 측정되면 진 것이다. 그런데 문제가 있다. 지구에서는 스핀의 업과 다운을 제어할 수 없다는 점이다. 지구 쪽에서 어떤 스핀을 측정할지는 완전히 임의로 이루어지고 이 임의성은 양자역학 자체가 가진 성질이기에 없앨 수 없다. 그래서 아무리 약속을 했다 하더라도 지구 쪽에서는 스핀 관측 결과를 조종할 수 없으므로 시리우스에서 측정한 스핀 방향은 '이기다/지다'의 소집합으로 축소할 수 없다. 그러니 어떤 정보도 얻지 못한 채 8~9년 뒤에 광선이 전달되기만 얌전히 기다리는 수밖에 없다.

Q | 양자컴퓨팅의 원리를 알기 쉽게 설명해줄 수 있을까?

기존 컴퓨터의 기본단위는 이진법 비트 0과 1이다. 실제 시스템에서는 High Level로 1, Low Level로 0을 표시한다. 이런 High Level과 Low Level을 AND 게이트, OR 게이트, NAND 게이트 등의 논리회로에 반복 입력해 처음의 01011110……이 논리회로에서 끊임없이 변화하게 만든다. 이러면 1차적인 고전적 계산이 완료된다.

고전시스템에서는 Voltage Level이 High인지 Low인지로 1과 0을 표시하므로 시스템은 1이거나 0이어야 한다. 그러나 양자 시스템은 이와 다르다. 양자 시스템에서는 양자로 0과 1을 표시하고 양자상태는 중첩할 수 있다. 예를 들어 양자상태 $|a\rangle$이 0을 나타내고 $|b\rangle$이 1을 나타낸다면 $|a\rangle+|b\rangle$은 0을 나타내기도 하고 1을 나타내기도 한다. 이러면 어떤 이점이 있을까? 이루 말할 수 없이 엄청난 이점이 있다. 예를 들어 0이기도 하고 1이기도 한 양자 비트를 줬다고 해보자. 이 둘의 상태를 다시 양자 얽

힘으로 보면 원래의 비트는 00, 01, 10, 11 이 네 가지 상태를 가질 수 있다. 이 같은 상태의 양자 비트를 논리회로에 입력하는 것은 00, 01, 10, 11의 조합 계산을 동시에 처리하는 것과 같다. 만약 양자 비트 3개를 하나로 얽히게 만들면 8개 조합 고전비트의 계산을 동시에 하는 것과 같다. 만약 양자 비트 4개를 얽히게 만들면 16개 조합 고전비트 계산을 한꺼번에 하는 셈이 된다. 양자상태는 중첩이 가능하므로 양자 계산 1회는 고전 계산 수회에 상응해 원칙적으로 보면 기하급수적인 연산 가속이 가능하다. 그러나 수많은 양자 비트를 하나로 얽는 것은 극도로 어려운 일이기에 현재는 기술상으로 어려움이 많다.

Q │ 양자 비트와 양자 간섭이란 무엇이며, 왜 양자 간섭이 일어나는가?

먼저 고전적인 동전 문제를 생각해보자. 앞면의 면적을 1이라고 하고 뒷면의 면적을 −1이라고 하고, 동전 앞면 법선 방향과 관측 방향의 끼인각을 θ라고 해보자. 그러면 이 동전 면적의 임의의 방향을 따라 관측되는 면적은 $\cos\theta$에 투영된다. 그러나 양자 세계에서는 이렇지 않다. 임의의 방향에서 관측되는 면적 투영은 1이 아니면 −1로 이 두 값만이 존재할 뿐 −1과 1 사이의 값은 없다. 그러나 똑같은 동전 여러 개를 관측하는 경우, 그 평균값은 $\cos\theta$가 된다. 이러한 양자 동전이 바로 양자 비트다. 그것이 어떻게 가능한지 궁금한 사람도 있을 텐데 양자 세계에서는 가능하다.

양자 간섭도 양자 세계에만 있는 현상이 아니다. 간섭은 모든 파동이 지니는 성질이다. 그저 양자 간섭에서의 파동은 직접 보거나 만질 수 없는 확률 파동으로, 수학적으로는 파동함수로 나타내며 파동함수의 제곱은 입자를 발견할 확률을 나타낸다. 확률 파동 둘을 중첩해 입자를 발견할 확률을 계산할 때, 확률(제곱)의 합을 직접 계산하는 것이 아니라 먼저 파동함수를 더한 뒤에 제곱을 해야 한다. 이렇게 해서 얻은 나머지 항은 간섭 효과의 직접적인 수학적 해석이다.

여기에서는 왜 양자 비트가 이러한지 답하지 않았고 양자 간섭의 근본적인 원인에 대해서도 답하지 않았다. 하지만 과학자들은 수학을 정확하게 운용해 직관과 상반되는 이 현상을 제대로 설명할 수 있다. 다만 임의, 얽힘, 비국소화 등의 특성들은 양자 세계의 본질적인 특성이며 이는 우리가 양자 세계에 대해 서술하는 도구와는 무관하다고 해야 한다.

Q 전자는 어떻게 하나의 에너지 준위 궤도에서 곧바로 다른 에너지 준위로 전이하면서 둘 사이의 구역을 지나지 않는가?

전자의 전이는 전형적인 양자역학 효과다. 일단 양자역학에 관련되면 고전입자와 고전궤도 같은 고전적인 개념들을 모두 버려야 한다. 하이젠베르크의 불확정성관계에 따르면, 하나의 입자는 확실한 운동량과 위치를 동시에 가질 수 없다. 한마디로 궤도의 개념이 없다. 이런 상황을 초래한 원인은 파동-입자 이중성(wave-particle duality)이라고 볼 수 있다. 즉 볼 수 있고 만질 수 있는 거시 입자와 달리, 미시 입자는 입자인 동시에 파동이기 때문에 고전적인 궤도 개념을 미시 물리에 적용할 수 없다(물론 거시 입자도 파동-입자 이중성이 있지만 파동성이 너무 약하기 때문에 무시해도 될 수준이다). 그러므로 양자역학에서 에너지 준위가 다르다는 것은 궤도가 다르다는 뜻이 아니라 입자가 서로 다른 에너지 및 상응하는 파동함수를 지니고 있다는 뜻이 된다(파동함수는 입자가 어떤 위치에서 나타날 확률 밀도를 설명하므로 원자 주위의 전자는 전자구름 형태를 띤다). 전자의 에너지 준위 전이는 전자가 어떤 에너지 고유값에서 다른 에너지 고유값으로 뛰었음을 의미하는데, 이때 어떤 궤도에서 또 다른 궤도로 뛰는 과정은 필요하지 않으며, 전이 후 전자구름의 형태만 조금 변할 뿐이다.

Q 쿼크에 색을 입히는 것은 무슨 의미가 있으며, 왜 색전하라는 개념을 도입한 것인가? 또한 색중성은 무엇을 의미하는가?

이는 순전히 물리학자의 즉흥적인 아이디어였다. 일단 쿼크라는 미시 입자에는 색의 개념이 없다. 이렇게 설정한 것은 삼원색 때문인데 삼원색을 합치면 흰색이 나온다. 그래서 상상력이 넘치는 물리학자들은 색 개념을 도입해 쿼크에 세 가지 색전하(color charge)가 있으며, 세 가지 색전하의 쿼크 3개가 함께 속박해 색가둠을 형성하면 색중성인 양성자, 중성자 등을 구성한다고 했다.

Q 양자통신의 비밀 절대 보장은 어떻게 이해해야 하는가?

양자통신의 기본적인 정리 중에 복사 불가능성 정리(no-cloning theorem)라는 것이 있다. 임의의 양자상태와 완전히 동일한 또 다른 양자상태를 복사하는 것은 불가능해 원래의 양자상태에 영향을 미치지 않는다는 의미다. 도청은 복사하는 과정이다. 원시 정보, 즉 도청할 정보를 받아 그

정보를 복제해 다시 발송한다.

  고전적인 상황에서는 정보의 발송자와 수신자 모두 정보가 전송되는 과
정에 도청이 이루어졌는지 알 수 없어 기밀이 새어나갈 우려가 있었다. 그
러나 양자통신에서 양자는 복사가 불가하기 때문에, 전송 중인 정보를 도청
하면 원래의 양자상태에 변화가 생기므로 도청자는 원시 정보와 완전히 동
일한 정보를 수신자에게 전달할 수 없다. 그러면 발송할 때의 양자상태와
수신할 때의 양자상태가 다르기 때문에 수신자와 발신자는 대조하자마자
정보를 도청당한 흔적을 발견하게 된다. 이 경우 곧바로 암호문을 바꾸거
나 전송 경로를 바꿀 수 있으므로 통신의 비밀 절대 보장을 실현할 수 있다.

Q | 양자역학과 상대성이론의 모순을 쉽게 설명할 수는 없는가?

        양자역학은 특수상대성이론과는 아주 잘 지내고 있으므로 여기
에서 말하는 모순은 양자역학과 일반상대성이론의 모순, 다시 말해 중력
이론과 양자이론의 모순을 가리키는 것이다. 기술적으로 중력을 억지로

양자화하면 재규격화가 불가하다는 어려움이 있어 수많은 물리량이 무한대로 커질 것이다. 관념적으로 양자이론에서 중력은 상호작용해 보손을 통해 전파되고 일반상대성이론에서 중력은 시공을 휘게 만든다. 일반상대성이론에 따르면 시간과 공간은 등가이며 로렌츠 변환을 통해 상호 전환할 수 있다. 또한 양자이론에 따르면 시간은 매개변수이고 공간은 연산자로 시간과 공간의 수학적 구조는 다르다고 할 수 있다.

Q | 양자는 어떻게 고전역학으로 환원되는가?

이 문제는 다양한 각도에서 이해할 수 있다. 첫 번째로는 동역학 방정식의 각도에서 이해할 수 있다. 양자의 연산자 운동 방정식은 하이젠베르크 방정식을 만족한다. 여기서 한발 더 나아가 평균값을 구하면 평균값의 동역학 방정식을 얻을 수 있다. 이 고전적인 동역학 방정식에 대응한다는 것이 이른바 에른페스트 정리(Ehrenfest theorem)이다.

두 번째는 고전적인 운동 궤적과 관련해 이해할 수 있다. 양자역학에서 좌표와 운동량은 불확정성이 성립된다. $[x, p] = ih/2\pi$이므로 h가 0이 될 때, 좌표와 운동량을 교환할 수 있어 입자의 좌표와 운동량을 동시에 확정할 수 있게 된다. 이것이 고전적인 운동 궤적이다. 경로적분의 각도에서 보면, h가 0이 될 때 안정상 근사에서 모든 비고전적 궤적은 상쇄되고 고전적인 작용량이 결정한 궤적만 남게 된다. 한 가지 더 언급하자면, 대개 h가 0이 될 때 양자에서 고전으로 환원된다고 믿지만, 이에 대응하는 구체적인 상황은 완전히 이해하지 못했다. 예를 들어 양자카오스(quantum chaos, 불규칙적인 결정론적 운동을 가리키는데, 불확정성이 성립되지 않지만 양자계에서 고전카오스의 특징이 잘 반영되어 있으므로 양자카오스라고 부른다. -옮긴이)에서 h가 0이 될 때 어떻게 고전카오스로 환원되는지는 아직 밝혀지지 않았다.

Q 어떤 입자의 상태를 측정하기 전에 과학자들은 이 입자의 상태가 불확정적이라는 것을 어떻게 아는가?

이는 양자역학의 기본원리와 맞닿아 있는 질문이며, 측정의 개념에 대한 이해와도 관계가 있다.

사실 고전적 측정이든 양자측정이든, 측정을 하기 전에 측정할 대상에 대한 필수 정보가 부족할 경우 대상의 상태를 알 수 없다(어떤 물리량이 확정값인지 아닌지도 포함). 다만 고전적 상황에서는 측정 대상의 모든 물리량이 측정 전후에 달라지지 않고 똑같다고 생각한다.

그러나 양자측정을 진행할 때, 입자는 측정할 물리량의 고유상태 중 하나로 붕괴되고 그 전의 상태는 측정을 진행하는 순간에 바뀐다. 그제야 우리는 확정적인 물리량이 무엇이고 불확정적인 물리량이 무엇인지 알 수 있다. 그래서 확정적인 물리량이 무엇인지 아는 것은 불확정적인 물리량이 무엇인지 아는 것이고, 불확정적인 이유까지도 안다고 말할 수 있다(예를 들면 양자역학에서는 위치와 운동량을 한꺼번에 충분히 정확하게 측정할 수 없다). 먼저 동일한 상태를 갖춰 측정을 진행할 수 있다(이런 측정도 의미가 있다. 어떤 값을 측정해낼지 그 확률을 바로 알 수가 없으니까 말이다). 동일한 상태를 갖추는 과정도 사실 측정과정에 속한다. 즉 어떤 물리량을 측정한다는 것은 측정할 물리량의 고유상태 중 하나로 붕괴시키는 것이다.

Q | 현대 사회에서 상대성이론과 양자역학은 어떻게 응용되는가?

상대성이론을 일상에 응용한 사례로 GPS를 들 수 있다. GPS의 원리는 다음과 같다. 서로 다른 위치에 있는 GPS 위성이 같은 신호를 받게 되는 시간이 다르므로 시간차와 간단한 기하학을 이용해 신호가 발생한 위치를 측정할 수 있다. 그러나 일반상대성이론에 따르면 궤도 공간에서 비행하는 GPS 위성은 지구 표면의 시간과 운행속도가 같지 않으므로 GPS 위성 위치 확인 기술은 반드시 상대성이론 효과를 고려해야 한다. 양자역학이 응용된 사례는 무수히 많다. 모든 칩에 이 기술이 이용되었기 때문이다! 칩이 없는 세상을 상상할 수 있겠는가?

Q | 아인슈타인과 보어의 '신이 주사위를 던지는지 아닌지'에 관한 논쟁은 결국 양자론을 내놓은 보어의 승리로 끝이 났다. 그런데 왜 사람들은 아인슈타인에 대해서는 잘 알면서 보어에 대해서는 알지 못하는 것일까?

아인슈타인이 보어보다 더 유명한 이유는 손에 꼽을 수 없을 정도로 많다. 그중 하나는 아인슈타인이 거둔 학술적 성취가 보어보다 훨씬 뛰어나다는 것이다. 20세기 물리학계를 뒤흔든 양대 혁명 중 하나는 보어가 하이젠베르크(Werner Karl Heisenberg), 슈뢰딩거(Erwin Schrodinger), 파울리(Wolfgang Pauli)를 데리고 아인슈타인, 드브로이(Louis de Broglie), 디랙(Paul Adrien Maurice Dirac), 플랑크(Max Karl Ernst Ludwig Planck) 등과 함께 초보적으로 완성한 양자역학 혁명이다. 그리고 다른 하나는 아인슈타인이 혼자서 완성한 상대성이론 혁명이다. 이러니 어떻게 이기겠는가?

두 번째는 일반 대중에게는 양자역학보다 상대성이론이 훨씬 더 이해가 잘 되고 쉽게 받아들일 수 있으며 상식적인 세계관을 완전히 뒤엎는다는 것이다.

- 상대성이론 : 공간은 휘어지고 시간은 느려지고 별과 별 사이를 여행할 수 있으며 질량에너지가 전환된다.

  (대중 : 우와, 무슨 말인지는 모르겠지만 되게 있어 보인다!)

- 양자역학 : 고양이는 죽었을 수도, 동시에 살았을 수도 있다.

  (대중 : 바보냐?)

세 번째는 제2차 세계대전 말에 발생한 어떤 군사행동과 제2차 세계대전 이후의 냉전 대치 및 1960년대 핵물리의 비약적인 발전으로 당시 원자폭탄은 일종의 유행 문화가 되었다. $E=mc^2$의 경우 모르는 사람이 없는 물리 공식이 되었고, 이 공식을 만든 아인슈타인은 사람들의 인식 속에 가장 위대한 천재로 자리매김했다. 게다가 단박에 알아볼 수 있을 만큼 개성 넘

치는 헤어스타일을 보면 당대의 패셔니스타로 꼽히기에 손색이 없다.

마지막으로 한 가지 덧붙이자면, 아인슈타인이 보어에게 반박할 때 EPR 역설(EPR paradox) 사고실험을 제기했다. 훗날 아인슈타인이 EPR 역설 사고실험에서 주장한 바는 틀렸음이 증명되었지만 EPR 역설 자체는 어떤 학과(양자통신)의 탄생 근원이 되었다. 한마디로 천재의 실수조차 인류의 발전에 지대한 공헌을 한 셈이다. 이러니 어떻게 이기겠는가?

Q 양자통신은 양자 얽힘을 기초로 한 것이니 서로 얽힌 이 두 양자를 잘 보호하기만 하면 간섭당할 가능성을 근절할 수 있는 것 아닌가?

수많은 양자통신 프로토콜이 양자 얽힘 성질을 사용해야 하는 것은 분명하다. 양자 얽힘이란 두 입자 사이의 비국소성 원리와 관련이 있다. 양자통신의 안전성은 양자역학의 기본원리로 보장하는 것으로 절대적 안전은 통신에 이용되는 서로 얽힌 두 계가 잘 보호되는지 여부와는 기본적으로 아무런 상관이 없다.

양자역학 원리에 따라 어떤 양자상태를 측정한다면 이 양자상태는 붕괴, 즉 파괴된다. 다시 말해 양자통신 채널이 도청당하면 이 통신 채널의 원시 정보도 파괴된다. 그래서 채널 안의 정보가 파괴되었다면 정보가 도청 당했다는 뜻이 된다(예를 들어 통신할 때 통신 정보 중에 테스트 신호를 끼워 넣어 채널의 안전 여부를 테스트할 수 있다). 하지만 얽힘이 간섭당하는 것을 완전히 근절하는 것은 불가능하다. 우리가 통신에 사용하는 입자는 반드시 어떠한 환경에 놓여있어야 하지만 그 입자를 완전히 고립시키는 것은 불가능하다. 그리고 일단 어떤 환경에 놓이면 이 입자는 곧바로 환경과 상호작용해 양자와 양자가 원래대로 분리되는 결 잃음 상태로 만든다. 따라서 결 잃음 상태가 되기 전에 이를 조작해야 한다. 현대의 실험 수단은 각종 기술로 통신 입자 양자상태의 결 잃음 시간을 지연시킬 수는 있지만 결 잃음이 아예 일어나지 않게 할 수는 없다.

Q | 양자통신 기술이 현재 사용되는 전자기 통신처럼 실용화될 가능성이 있는가? 보통 사람들도 양자통신 기술을 적용한 휴대전화를 쓸 수 있을까, 가능하다면 어떤 신기한 기능들이 포함되어 있을까?

양자통신의 주요 장점이라면, 양자는 복제할 수 없기 때문에 양자통신이 적용된 휴대전화를 사용하면 이론적으로 도청 가능성을 완전히 배제할 수 있다. 양자통신의 신기한 기능이라면, 완벽한 사생활 보호 기능? 아니면 눈알이 튀어나올 만큼 비싼 데이터 사용료 정도가 되지 않을까?

Q | 양자컴퓨터는 세상을 어떻게 바꿀까?

미래의 어느 날, 고성능 보급용 양자컴퓨터(현재의 양자컴퓨터는 한정된 용도로만 사용 가능)는 가장 먼저 과학연구 분야의 인력들이 사용하게 될 것이다. 양자컴퓨터가 나타나는 시기는 현재의 암호화 체계가 효용성을 잃는 때이다. 이밖에 미시적 상태에 대해 완벽에 가까운 시뮬레이션이

가능하기 때문에 무기화학, 심지어 모든 화학이 점차 물리학의 범주 안으로 편입될 것이다. 양자컴퓨터의 놀랍도록 뛰어난 성능 덕분에 생물정보학 등 정보 처리와 밀접한 관련이 있는 학과는 상당히 발전할 것이다. 물론 이때까지도 제어핵융합이 완전히 실현되지 않았다면 양자컴퓨터가 제어핵융합의 실현에 적잖은 힘을 보탤 수도 있다.

상용 양자컴퓨터가 개발되고 보급되면, 기업가들은 실시간으로 가격 변동을 파악할 수 있다. 그들은 가능한 많은 데이터를 모아 경쟁업체의 행동을 분석하는 동시에 자신의 행동은 철저히 감추려 할 것이다. 이런 세상에서는 기계에 의존하는 경향이 심해지는 한편, 기계에 대한 의존에 반대하는 경향도 커질 것이다. 개인 양자컴퓨터가 개발되고 보급되면 삶은 훨씬 편해질 것이다. 예를 들어 단어 하나만 입력하면 당신이 찾고자 하는 것을 컴퓨터가 예측할 것이고 이는 매우 정확할 것이다. 온갖 전자제품이 네트워크를 통해 서버와 연결되어 그 서버를 통해 계산을 진행할 것이다.

인류와 양자컴퓨터의 소통이 날로 긴밀해지면 양자컴퓨터와 관련된 사고가 공학 계산 분야로 깊숙이 침투할 것이다. 그러면 양자컴퓨터에 기반한 새로운 알고리즘이 개발될 것이고 프로그래머들은 새로운 커리큘럼으로 물리를 배워야 할 것이다. 양자컴퓨터로 인간의 머릿속에서 벌어지는 일을 분석하고 시뮬레이션 할 수 있게 되면서 대뇌 저 밑바닥에서의 규칙이 (비록 이 규칙들을 겉으로 보이는 행위와 연결할 수는 없을지라도) 발견될지도 모른다. 그러면 많은 사람이 두뇌로 컴퓨터를 제어하는 BCI(Brain Computer Interface)를 체험해보려 할 것이다. 단백질이 어떤 기능을 하는지 제대로 파악하고 나면 이식 가능한 컴퓨터까지 만들어낼 것이다. 그러면 인류의 사고능력은 끊임없이 확장될 것이며, 결국 이식 가능한 컴퓨터는 인류의 유전자 안으로 편입하게 될 것이다.

Q | 페르미 면 겹싸기란 무엇이며, 이를 연구하는 목적은 무엇인가?

간단하게 답하자면, 페르미 면 겹싸기(Fermi surface nesting)는 두 장의 페르미 면의 전부 또는 일부가 역격자 공간에서 파수 벡터(wave vector, 크기는 파수와 같고 파동이 진행하는 방향을 가리키는 벡터-옮긴이) 1개를 이동해 하나로 겹쳐지는 것을 말한다. 그리고 페르미 면 겹싸기를 연구하는 목적은 강자성, 반강자성, 강유전, 전하밀도파(charge density wave) 등 일부 계에서의 상전이를 설명하기 위해서다.

페르미 면 겹싸기는 떠돌아다니는 유동전자(itinerant electron) 체계 안의 자성을 이해하려는 시도에서 나온 개념이다. 대다수의 경우 어떤 물질의 자성은 결정격자의 격자점 상에 있는 개개의 국부적인 자기 모멘트의 행동을 통해 이해할 수 있다. 예를 들어 상자성은 자기 모멘트에 대응해 임의로 배열되고 시간상으로 임의로 변화하려 한다. 강자성은 자기 모멘트에 대응해 동일한 방향으로 배열되지만 반자성은 이웃한 자기 모멘트에 대응해 반대 방향으로 배열된다. 그런데 사람들은 점차 많은 자성 물질에서 전자의 행동이 금속의 행동임을 깨닫게 되었다. 다시 말해 전자는 국부적이지 않다는 것이다. 그렇다면 전자가 가지는 자기 모멘트도 국부적이지 않다는 말이니 국부 자기 모멘트의 각도에서 이들 물질에 여전히 자성이 존재하는 이유를 설명할 수 없게 된다.

이들 체계에서 페르미 면의 존재를 명확히 확인할 수 있다. 만약 자기적 질서의 역공간의 파수 벡터를 페르미 면의 어느 한 지점에 놓으면 이 파수 벡터가 또 다른 페르미 면의 한 점과 연결된다는 사실을 알게 된다. 바꿔 말하자면, 자기적 질서의 파수 벡터 크기와 방향에 따라 그중 한 장의 페르미 면을 이동시키면 다른 한 장의 페르미 면과 전부 또는 일부 중첩시킬 수 있다. 이를 겹싸기(nesting)라고 한다.

역공간은 실공간을 푸리에 변환한 것이다. 역공간이 관련 있다는 것은 실공간에 어떤 주기적인 상호작용이 존재해서 우리가 필요로 하는 자기적 질서를 가져왔다는 뜻이 된다. 역공간 안이 나타내는 것은 수많은 전자의 운동이므로 겹싸기의 존재도 대개 전자의 집단적인 행동을 의미한다. 페르미 면 겹싸기 이론은 전자 사이의 상호작용이 강하지 않은 체계 안에서 무질서한 상태에서 질서가 있는 상태로의 상전이가 발생하는 이유를 이해하는 데 도움이 될 수 있다(이는 물질이 금속성을 보이는 이유이기도 하다).

다만 실제로 응용하는 데 있어서 좀 뒷북 같은 면이 있다. 가장 흔히 겪는 상황은, 실험 중에 어떤 질서상태(예를 들어 반자성) 및 페르미 면의 형상을 관찰한 뒤에야 둘 사이의 관계를 분석해 페르미 면 겹싸기 이론이 적합한지 여부를 결정하는 것이다. 물론 이론 계산이 장족의 발전을 거듭하면서 일부 체계에서는 페르미 면의 형상을 직접적으로 계산해 자기적 질서 등의 정보를 예측할 수 있게 되었다(100% 정확한 것은 아니지만 말이다).

Q │ 파울리 배타 원리가 가진 물리적 의의는 무엇인가? 더불어 왜 배타적인 현상이 나타나는가?

현상 면에서 보면, 파울리 배타 원리는 2개의 전자가 완전히 똑같은 상태에 겹쳐있을 수 없음을 뜻한다. 양자역학에서 파울리 배타 원리는 동일성 원리를 페르미온 체계에 응용해서 도출한 필연적인 결과다. 동일성 원리에 따르면 '동일한 입자는 구별할 수 없다.' 이에 따르면 다입자 체계의 파동함수는 입자를 교환하면 대칭 또는 반대칭을 이뤄야 한다. 이

중 반대칭(입자를 교환한 후의 파동함수가 마이너스 부호 하나 차이인 것)은 페르미온에 대응한다. 이 점을 좀 더 간단히 설명하기 위해 페르미온 2개의 체계를 놓고 생각해보자. 파동함수 $\Psi(\alpha, \beta)$는 입자 1과 입자 2가 각각 상태 α와 β의 확률진폭에 놓여있다. 동일성 원리에 따르면 $\Psi(\alpha, \beta) = -\Psi(\beta, \alpha)$가 되어야 한다. 만약 두 입자가 동일한 상태에 있다면, 즉 $\alpha = \beta$라면, $\Psi(\alpha, \beta) = 0$이 되고 확률진폭도 0이 된다. 다시 말해 두 입자가 동일한 상태에 겹쳐있을 가능성이 없다는 뜻이다. 이것이 바로 파울리 배타 원리다.

Q | 양자 비정상 홀 효과가 무엇인가?

양자 비정상 홀 효과(quantum anomalous hall effect)에 대해 알려면 먼저 양자 홀 효과(quantum hall effect)에 대해 알아야 한다. 1879년부터 지금까지 갈수록 다양한 홀 효과가 발견되고 있다. 홀 효과를 제대로 이해하려면 굉장히 전문적인 지식을 넓고 깊게 파고들어야 하므로 여기에서는 가볍게 살펴보기만 하겠다.

먼저 고전적 홀 효과에 대해 알아보자. 자기장 B 속에 도체를 놓고 도체 내부에 흐르는 전하의 움직임, 즉 전류 I를 자기장 B에 수직이 되게 하면, 전류와 자기장 모두에 수직인 또 다른 방향으로 도체 양쪽에서 전위차가 형성되는데, 이를 홀 현상이라고 한다. 이는 본질적으로 전하 운반자가 자기장 속에서 운동하는데 로렌츠 힘을 받아 휘어져 일으키는 효과다. 고전적 홀 효과의 홀 저항(홀 전압과 종방향 전류의 비율, 즉 전기전도율)은 자기장에 따라 계속 변한다.

고전적 홀 효과에 대해 설명했으니 이제 양자 홀 효과에 대해 알아보자. 양자 홀 효과는 저온·강자장하에서 홀 저항이 더 이상 자기장을 따라 계속 변하지 않고 특정 값을 가지는, 즉 양자화되는 것을 말한다. 이러한 양자화는 란다우 준위(Landau level)가 전자 정수(또는 특수 분수)에 의해 채워질 때 나타난다. 흥미롭게도 양자화가 될 때, 종방향 저항(전류 방향의 저항)은 0이다. 이는 양자화가 됐을 때 전자를 수송하는 데 소모되는 에너지가 극히 적음을 뜻한다.

그러나 양자 홀 현상을 실제 상황에 적용하는 데에는 심각한 제약이 있다. 바로 별도의 강력한 자기장이 필요하다는 것이다. 양자 비정상 홀 효과는 어떤 문제를 해결했을까? 일부 특수한 재료는 그 내부에 강한 자기장을 가지고 있어 별도로 자기장을 가하지 않고도 양자 홀 효과를 일으킬 수 있다. 바로 그 점이 비정상이라는 것이다. 양자 비정상 홀 효과는 물리이론상의 진전일 뿐만 아니라 기술상의 혁명이다. 에너지 소모가 극히 적은 전도성 재료라니, 그 응용 가능성이 얼마나 크겠는가!

Q 광자에너지는 광자의 주파수 $E=hv$에 의해 결정된다. 그렇다면 광원이 주파수가 v인 광자를 방출한다고 했을 때, 광자가 가져가는 에너지는 E가 되고, 광자를 받아들인 장치는 이 과정에서 광원을 향해 이동하게 되는데, 도플러 효과에 따라 장치가 받아들인 광자의 주파수 v는 증가하게 되고 그렇게 되면 광자가 이 장치로 옮긴 에너지 E는 원래 에너지보다 많아지게 된다. 이는 에너지 보존의 법칙에 위배되는 것인가?

고민의 흔적이 보이는 좋은 질문이다. 답을 알려주자면 주파수는 변할 수 있다. 또 이러한 주파수의 변화를 이용해 멀리 떨어져 있는 천체와 우리의 상대속도 및 상대거리를 측량할 수도 있다(허블의 법칙). 그러므로 서로 다른 계에서 측정한 에너지는 다르다. 어려운 문제가 아니기에 상대성이론까지 거론할 필요도 없다.

다만 에너지 보존의 법칙의 명확한 뜻을 짚고 넘어갈 필요는 있다. 현대 물리학에서 에너지 보존의 법칙은 시간에 대한 물리 법칙의 불변성으로부터 유도된 결과라는 뇌터 정리(Noether's theorem)에서 비롯되었다. 뇌터 정리에 따르면 에너지 보존의 법칙은 이렇게 서술되어야 한다. '어떠한 국부 관성계에서 에너지는 뜬금없이 사라지거나 나타날 수도 없으며, 어떠한 종류의 에너지에서 다른 종류의 에너지로 전환할 수만 있다.'

그러므로 서로 다른 계에서 에너지가 다른 것은 상관이 없으며, 각각의 계에서 에너지가 뜬금없이 나타나거나 사라지지만 않으면 된다. 다시 말해 에너지 보존의 법칙은 우주에 어떤 '절대적인 총 에너지'가 존재할 것을 요구하지 않고(이는 계에 따라 변한다), 에너지의 종류가 바뀔 때 전후의 에너지가 보존될 것만을 요구한다.

Q 양자역학의 제5공리에 따르면, 동일한 입자는 구별할 수 없어 번호를 붙일 수 없지만 교환연산자를 정의할 수는 있다고 한다. 그런데 이 말은 모순되는 말이 아닌가?

맞는 말이다. 우선 당연히 제5공리를 멋대로 위배할 수 없다. 파동함수가 자기 스스로 '아, 난 제5공리에 따라야 해!'라고 생각할 리 없다. 그러니 제5공리를 수학적 언어로 번역해야 한다. 그러려면 먼저 입자에 번호를 매긴 다음, 번호를 매긴 입자의 파동함수를 재조합해 대칭/반대칭관계를 만족시켜야 한다. 그래야만 재조합된 이 파동함수들이 제5공리의 요구를 만족할 수 있다. 그러나 여기에서 입자에 번호를 매길 때, 사실상 물리적으로 대응물이 없는 쓸데없는 자유도를 도입했다는 점에 유의해야 한다. 이 자유도는 나중에 여러 고급과정에서 귀가 닳도록 언급될 '게이지 자유도'다. 게이지 자유도는 물리 결과에 영향을 미치지 않으므로 일종의 수학적 처리 기교로 생각한다.

간혹 자발 대칭 깨짐(spontaneous symmetry breaking, 일정한 대칭성을 가진 계가 에너지적으로 낮고 안정한 비대칭상태로 떨어지는 현상-옮긴이)계는 게이지 구조가 변함에 따라 그와 등가로 어떤 물리적 결과를 초래할 수도 있지만, 이는 또 다른 이야기이므로 여기에서는 다루지 않겠다.

Q 양자장론에서는 진공에서도 에너지가 있다고, 즉 영점에너지가 존재한다고 하는데 그 이유는 무엇인가?

양자장론은 모든 보손(boson)과 페르미온(fermion)이 그에 대응하는 바닥상태에너지, 즉 문제에서 언급한 진공에서의 에너지를 가질 것이라고 예언했다. 진공에 어떠한 입자도 넣지 않았다면 어떠한 에너지도 가지고 있을 수 없다. 진공은 말 그대로 그 무엇도 없는 텅 빈 상태이기 때문이다. 그러나 우리가 사는 세계는 진공과는 달리 휘황찬란하다. 여기에는 웅장하고 아름다운 별들이 무수히 반짝이고 있고 온갖 종류의 생명이 살아가고 있다. 그 형태와 상관없이 이러한 물질들은 모두 가장 기본적인 입자로 구성되어 있다. 그러므로 우리가 존재하는 세계의 진공은 결코 텅 빈 공간이 아니다. 사실 우리 세계의 진공은 이런 입자들을 표현하는 장으로 가득 차 있다. 바로 이 장들이 들떠 기본입자(우리 세계를 기본적으로 구성하는 입자)를 창조해낸 것이다.

장의 들뜸(여기, excitation)은 바다 표면의 파동과 비교할 수 있다. 양자장은 고요하지 않다. 장의 명확한 위치의 구체적인 파동상태를 알 수 없기 때문이다(이것이 바로 불확정성의 원리다). 양자역학 기본원리에서 비롯된 이러한 양자 요동은 절대적인 영점에너지를 발생시킬 수 있다. 다시 말해 장이 진공이 가진 최소 에너지에 존재한다는 말이다(엄밀하게 말하면 최소 에너지 밀도다. 진공은 경계가 없기 때문에 부피가 발산한다). 그러므로 진공 속에서의 영점에너지는 양자 효과가 일으킨, 소멸시킬 수 없는 절대적인 에너지다.

현재 관측 가능한 우주는 가속 팽창하고 있다. 이를 위해 오늘날에는 이론에 아인슈타인 장방정식 중에서 우주상수항 Λ를 도입했다. 우주상수 Λ가 대표하는 물리적 의미는 바로 진공에너지다. 하지만 문제는 사람들이 관측한 Λ 값은 $10^{-15}J/cm^3$인데 양자장론이 대략 계산한 플랑크에너지 스케일에서 진공에너지에 대응하는 Λ 값은 $10^{105}J/cm^3$로 둘의 차이가 120자릿수나 난다는 것이다! 그러니까 진공에너지의 본질은 무엇인지, 어떤 메커니즘으로 생겨나는지는 모두 미해결 과제로 남아있는 문제들이다.

Q | 전자가 양전자를 만나면 소멸하는데 왜 똑같이 양전하를 지닌 양성자를 만나면 소멸하지 않고 양성자 주위를 돌기만 하는가?

양성자는 전자와 핵반응을 일으킬 수 있다. 가장 흔한 반응 방식은 궤도 전자 포획으로 이는 방사성 동위원소의 붕괴 방식 중 하나이기도 하다. 양성자 함량이 높은 원자핵들은 그 자신의 불안정성 때문에 약상호작용을 통해 안쪽 궤도 전자 1개를 흡수해 그 내부의 양성자 1개를 중성자로 변화시켜 전자 중성미자(electron neutrino) 1개를 방출한다. 그 반응식은 다음과 같다.

$$p + e^- \rightarrow n + v_e \qquad ①$$

구체적인 예로, 알루미늄 동위원소 중의 하나인 알루미늄-26(안정 동위원소인 알루미늄-27에 비해 중성자 1개가 적음)은 궤도 전자 포획을 통해 마그네슘-26으로 붕괴한다.

$$^{26}_{13}Al + e^- \rightarrow {}^{26}_{12}Mg + v_e$$

물론 알루미늄-26은 $β+$붕괴를 통해서도 마그네슘-12로 붕괴하는데 총 반감기는 70만 년 정도다. 알루미늄-26은 운석의 나이를 측정하는 데 쓰일 수 있어 천문학적으로 그 가치가 매우 크다.

단독으로 존재하는 양성자가 전자와 반응을 일으키고, 더 나아가 소멸하는 것은 매우 어려운 일이다. 입자 물리 반응 중 중입자 보존의 원칙에 따라 양성자와 전자가 반응하면 적어도 1개의 중입자(3개의 쿼크 또는 반쿼크로 이루어진 입자. 예를 들어 양성자, 중성자, Δ입자, Λ입자 등)가 생긴다는 것을 증명할 수 있는데, 양성자는 가장 가벼운 중입자이므로 양성자와 전자가 반응을 일으킨다면 그로 인한 생성물은 당연히 양성자와 전자보다 무거울 것이다.

예를 들어 앞의 반응식 ①에 따르면, 중성자의 정지 질량은 양성자와 전자의 정지 질량 합보다 크다. 그러므로 질량-에너지 보존의 법칙에 따라 굉장히 큰 별도의 에너지가 있어야만 ①과 같은 반응이 일어날 수 있다. 예를 들어 궤도 전자 포획의 경우, 이 에너지는 원자핵 내부의 양성자 1개가 중성자 1개로 바뀌고 나서 발생한 그 중입자 배열 구조의 변화, 즉 원자핵 결합에너지의 변화에서 비롯되었다. 단독으로 존재하는 양성자와 전자의 경우, 반응을 일으키기 위한 방법 중 하나는 입자가속기에서 양성자와 전자가 고속으로 충돌하게 하는 것이고, 또 다른 방법은 단위면적당 압력을 극도로 높이는 것이다. 여러분이 생각하는 대로, 후자는 중성자 별의 형성 방식이 맞다.

Q │ 2개의 입자가 상대속도가 초광속인 상태로 충돌하면 무슨 일이 벌어지는가? 아인슈타인의 상대성이론에 따르면 시간은 거꾸로 흐를 수 있고 질량과 크기는 마이너스가 될 수 있는 것 아닌가?

아인슈타인은 동의하지 않을 것 같다. 여러분에 대한 전자 1개의 속도가 0.75c이고 여러분에 대한 양성자 하나의 속도가 0.75c이며 방향이 전자와 반대라면 양성자에 대한 전자의 속도는 얼마인가? 1.5c? 틀렸다. 정답은 0.96c이다.

뉴턴역학 체계에서 단순히 속도를 중첩시키는 원리(갈릴레이 변환)는 상대성이론에서 논하는 상황에 바로 대응시킬 수 없다. 여기에서는 로렌츠 변환을 사용해야 한다. 한번 생각해보라. 좌표계가 변하면 길이도 변하고 시간도 변하는데 속도를 그냥 몽땅 더하면 되겠는가? 이 문제는 이렇다 치고, 두 입자가 충돌했을 때 벌어지는 상황을 살펴보자면, 0.75c의 양성자에 대응하는 에너지 스케일은 수백만 전자볼트(MeV)다. 그러므로 이것은 전형적인 핵물리과정으로 대부분 감마선을 방출해 에너지를 복사해 내보낸다.

Q │ 알파붕괴 중 원자핵이 헬륨 원자의 핵인 알파입자를 방출하는 과정에서 방출된 알파입자가 핵외 전자를 포획해 헬륨 원자가 되지 않고 전자구름을 뚫으면서도 다른 섭동을 일으킬 확률이 없는 이유는 무엇인가?

에너지 차이가 너무 크기 때문이다. 핵반응이 방출한 알파입자의 운동에너지는 100만 전자볼트(MeV)급이지만 전자와 원자핵의 결합에너지는 전자볼트(eV)급으로 백만 배나 차이가 난다. 이는 사람이 맨손으로 총알을 잡을 수 없는 것과 같은 이치다.

학습에 관한
1분 물리학

Q | 기본적인 물리 상식에는 어떤 것이 있는가?

기본적인 물리 상식은 아주 많지만(뉴턴의 법칙, 열역학 법칙 등등) 내 생각에 가장 중요한 것은 다음 세 가지다.

- 물리는 실험을 기준으로 하는 실증 학문이지 공상과 사변으로 이루어 지는 학문이 아니다.
- 물리는 진리가 아니다.
- 그러나 물리는 진리에 가깝다.

Q | 물리를 공부할 때 가장 중요하게 생각해야 하는 것은?

차근차근 착실하게 밟아나가야 한다. 날이면 날마다 우주니, 양자역학이니, 상대성이론이니, 겉보기에 그럴싸해 보이는 지식만 탐구하고 뉴턴역학과 생활 속에서 흔히 볼 수 있는 현상 연구는 하찮게 여기면 안 된다는 말이다. 상대성이론이라고 해서 생각만큼 어려운 것도 아니고 뉴턴역학이라고 해서 또 생각만큼 쉬운 것도 아니다.

Q | 물리는 공식이 너무 많은데 다 기억해야 하는가?

물리 공식을 다 외운다고 물리를 다 이해하게 되는 것은 아니다. 꽤 괜찮은 방법을 알려주자면, 먼저 가장 기본적인 공식 몇 개를 찾는다.

그런 다음 이 기본공식들에서 다른 모든 공식을 유도해본다. 이 방법을 쓰면 굳이 공식을 외울 필요도 없고 자신이 정말로 물리학을 이해했는지 검증할 수도 있다.

Q 수학 공식을 쓰지 않고 말로만 설명해서 수학에 문외한인 사람에게 물리를 이해시킬 할 수 있을까?

진정한 물리학 대가는 수학 공식 없이 말만으로도 물리 현상을 명확하게 설명할 수 있다고 생각한다. 하지만 물리는 수학과 떼려야 뗄 수 없는 관계다. 수학 공식을 쓰지 않고 물리를 정확하게 설명하는 첫걸음은 수학 공식을 제대로 설명하는 것이다. 또한 수학 공식을 쓰지 않고도 물리를 정확하게 설명하는 필요불충분조건은 말하는 사람과 듣는 사람 모두 수학 공식으로 제대로 설명할 수 있어야 한다.

Q 대학에서 물리를 전공하면 무슨 일을 할 수 있는가?

물리학과에서 처음 접하는 전공과목들을 일반물리라고 하는데 역학, 열학, 전자기학, 광학, 핵물리학 대개 이렇게 구성된다. 이 단계에서는 엄청나게 많은 물리 현상 및 이 현상들을 정리해 얻은 어마어마하게 많은 공식을 배운다. 이 단계의 물리는 현상 위주, 다시 말해 현상학적이다. 이렇게 실험 현상에서 끊임없이 물리 공식을 유추해내는 훈련은 물리학을 개괄적으로 이해하는 능력을 기르는 데 가장 효과적이다.

이보다 한 단계 높은 과목으로 4대 역학이 있는데 재료역학, 동역학, 유체역학, 열역학으로 구성된다. 현상을 바탕으로 귀납하던 현상학이론과 달리, 이 단계에서 배우는 물리는 수학을 바탕으로 연역하는 형식이론이다. 다시 말해 이때의 이론은 몇 가지 기본가설 또는 기본공식에서 출발해 (예를 들어 맥스웰 방정식) 이전에 배운 모든 실험 현상을 수학으로 유도한다. 이전의 이론은 실험을 바탕으로 세워졌고 지금의 실험은 이론을 바탕으로 이루어진다. 귀납에서 연역까지의 승화과정에서, 이론은 더욱 엄격해지면서 실험을 예언할 수 있는 능력까지 얻었다. 이 단계에 이르면 이전에 배웠던 수학(미적분, 선형대수, 확률통계)만으로는 아무것도 못 한다는 것을 깨닫게 되므로 수리물리학이라는 과목을 배우게 된다.

4대 역학을 배운 다음에는 한 단계 더 올라가야 하는데 이때 다시금 지금까지의 수학만으로는 부족함을 깨닫게 된다. 하지만 이때는 선택할 수 있는 길이 여러 갈래다. 입자물리학, 응집물질물리학, 천체물리 및 우주학 등 관심 있는 분야를 선택해 공부하다가 문제가 생기면 리군(Lie group), 미분기하학, 대수적 위상수학(algebraic topology) 등 필요한 수학을 따로 공부하면 된다.

물리학을 배워서 무엇을 할 수 있는지에 대해 질문했는데 대학 물리학과 교육은 연구 인력 양성을 목표로 하고 있다. 하지만 연구는 물리학도의 가장 기본적인 능력일 뿐이다. 물리학은 대학의 여러 전공 중에서도 학습 난이도가 가장 높다. 물리학과에서 4년 동안 수리 훈련을 한 것이 물리학 전공자가 얻은 가장 값진 결실이리라. 그 덕분에 물리학 전공자는 어떤 업무든 금세 익히는 건 기본이고 발군의 성과를 거둔다.

Q 지난 100년 동안 기초물리학은 근본적인 진전과 비약적 발전을 이루지 못했다. 현재는 여건이 훨씬 나아졌음에도 과학자들은 여전히 중력파 같은 지난날의 성과를 검증하는 데 힘을 쏟고 있다. 설마 물리학은 천재의 탄생을 기다리고 있는 것인가?

지난 100년 동안 기초물리학이 이룬 진전은 헤아릴 수 없이 많다. 양자장론, QED, 비아벨 게이지이론(non-abelian gauge theory), QCD, 표준모형, 끈이론, 초대칭이론, 초끈이론, 급팽창이론, 긴즈부르크-란다우 이론(Ginzburg-Landau theory), 란다우 페르미 액체이론(Landau-Fermi liquid theory), BCS이론, 초유체, 위상부도체, 양자 홀 효과…, 다만 우리가 여기에서 답할 수 있는 것들이 아닐 뿐이다.

Q | 전동역학이란 무엇인가?

전동역학은 전자기학의 고급과정이다. 전자기학이 온통 실험으로만 이루어진 실험 더미라고 한다면, 전동역학은 수학적 내용이 많은 형식이론이라고 할 수 있다. 전동역학은 몇 가지 간단한 방정식에서 출발해 수학적으로 전자기학 중의 모든 실험 현상을 유도하면서 상대성이론의 공변식도 이야기한다.

Q | 물리학자 입장에서 본 화학과 물리의 관계는 어떠한가? 내 주변의 적잖은 물리학 전공자들이 화학을 물리학의 분과로 취급하는 경우가 종종 있다. 물리학을 공부하는 사람은 자연히 화학을 이해하게 되는데 화학을 공부한다고 해도 물리학을 이해할 수는 없다나. 내 생각에 화학과 물리는 서로 밀접한 관련이 있지만 문제를 보는 관점과 연구 방향이 다르고 현실에서 응용하는 법도 크게 다를 뿐이다. 따라서 화학과 물리는 부자관계가 아니라 형제관계라고 생각한다. 물리학자의 한 사람으로서 어떻게 생각하는가?

물리학자에게 물리와 화학 중 어느 것이 더 중요하다고 묻다니! 이 질문을 접하고 나서 나는 그동안 읽어봤고, 또 읽어 보고 싶은 화학서를 찬찬히 들여다봤다.

문득 예전에 영국에서 공부할 때의 일이 떠올랐다. 그 학교 유기화학과의 명성이 대단하다는 말을 듣고 일부러 찾아가 유기화학입문을 청강했다가 지독한 자괴감에 시달린 바 있다. 그때의 경험을 바탕으로 말하건대, '물리학을 공부하는 사람은 자연히 화학을 이해할 수 있는데 화학을 공부한다고 해도 물리학을 이해할 수는 없다'는 말은 명백히 틀렸다. 학술적으로 내 연구 분야의 시조가 되는 분은 저명한 물리화학자이지만 내로라하는 물리학 석학들보다 더하면 더했지 결코 못 하지 않을 만큼 물리학에 조예가 깊었다.

과학은 세상의 근본적인 문제를 탐구하는 분야로 이러한 탐구는 인간의 호기심과 탐구심에서 비롯된다. 다행히 우리는 모든 자연법칙이 질량 보존의 법칙, 에너지 보존의 법칙, 운동량 보존의 법칙, 엔트로피 증가의 법칙, 전하량 보존의 법칙, 전자기이론, 역장이론, 슈뢰딩거 방정식, 하이젠베르크의 불확정성 원리, 파울리의 배타원리, 대칭법칙 등의 기본원칙에 위배되지 않는다는 사실을 알아냈다. 이런 원칙들을 바탕으로 우리는 세상이 어떻게 돌아가는지 인식하게 되었다. 이러한 바탕 위에서 물리학자들은 물질의 내재적 성질과 물질이 왜 그러한 성질을 지니게 되었는지를 집중적으로 파고들었다. 그와 달리 화학자들은 물질의 상태 변화와 변화하는 과정에 더 집중했다. 열역학과 양자역학은 현대 화학에서 필수적으로 가르치는 내용이다. 하지만 '모든 길이 로마로 통한다'는 말이 '왜 사람들은 로마로만 가는가?' 또는 '왜 사람들은 밀라노로 가지 않는가?'라는 물음에 대한 답이 될 수 없듯이, 물리는 화학을 대신할 수 없고 화학도 물리를 대신할 수 없다. 화학을 사랑하는 화학자로서, 질문자는 누가 아버지이고 누가 아들인지 따위의 문제에 연연할 필요가 없다(굳이 따지자면 화학의 역사가 훨씬 오래됐다). 과학의 바다를 마음껏 누비다가 우연찮게 선인들이 발견하지 못한 지식을 얻고 새로운 지식을 이용해 사회를 보다 나은 방향으로 발전시키는 것만으로도 충분히 즐겁지 아니한가!

Q | 완벽한 물리이론 체계는 수학적 엄밀성을 보이는가?

'완벽하다'라는 말이 무슨 뜻인지 몰라 어떻게 답해야 할지 모르겠지만 아무래도 '물리이론 체계는 수학적 엄밀성을 보이는가?'라고 질문을 고치는 편이 더 적절할 듯하다. 물리학은 본질적으로 관찰, 측량, 원리 가설, 모형 구축, 더 나아가 환상까지, 수학에는 없는 요소를 굉장히 많이 가지고 있다. 그런 까닭에 자연히 수학적 의미의 엄밀성을 갖추기 어렵다. 물론 몇몇 물리이론은 수학적 엄밀성을 추구하지만 어느 정도까지 엄밀할지는 이론마다 다르다.

상당한 수학적 엄밀성을 갖춘 물리이론으로는 맥스웰 방정식에 기반한 전자기학과 열역학을 들 수 있다. 전자기학에서 맥스웰 방정식은 파동방정식, 더 나아가 게이지이론에 이르기까지 수학적으로 상당히 엄밀하다. 열역학에서는 사디 카르노(Sadi Carnot)의 순수한 정성적 사유에서 카라테오도리(Carathéodory)의 공리화로 발전했으니, 상당히 엄밀한 수학 형식을 갖춘 셈이다. 또한 엔트로피 개념의 도입은 수학적 엄밀성을 보인다.

대부분의 물리이론은 어떤 수학적 엄밀성을 조금씩 지니고 있을 뿐이다. 전형적인 예가 일반상대성이론이다. 아인슈타인이 중력장 방정식을 얻은 과정은 수학적 엄밀성을 거론하기도 민망하다. 약장에서 근사시켜서 텐서 형식을 쓰는 장방정식도 그렇고, 우주상수를 내키는 대로 첨삭한 것도 그렇고, 아무렇게나 편의대로 공식을 만들어나갔기에 우리는 아인슈타인이 공식을 '유도(誘導)'한 것이 아니라 '구조(構造)'했다고 말한다. 중력장 방정식에서 더 나아가 얻은 슈바르츠실트의 해(Schwarzschild's solution)와 커의 해(Kerr's solution)는 수학적 엄밀성을 갖췄다. 하지만 아인슈타인이 중력장 방정식에서 얻은 이른바 중력파 방정식과 훗날 사람들이 슈바르츠실트의 해에서 도출한 블랙홀 개념을 바탕으로 블랙홀의 융합이 일으킨 중력파가 광전증폭관에서 어떤 진동 신호를 발생시키는지 계산한 것은 수학적 엄밀성을 따지는 것이 무의미하다.

Q | 상대성이론을 공부하기 전에 어떤 예비지식을 갖춰야 하는가?

특수상대성이론을 이해하는 데는 별다른 지식이 필요하지 않다. 중등 교육과정 수준의 물리를 배웠다면 독학도 가능하다(완벽한 이해를 기대하지는 않는다). 하지만 일반상대성이론을 공부하려면 먼저 미분기하학을 알아야 한다.

Q | 외국의 유명 대중과학 사이트를 소개한다면?

과학기술을 일반 대중에서 친근하게 소개하는 사이트 몇 개를 추천하고자 한다(과학기술 뉴스 같은 사이트에 비해 아래의 3개 사이트는 전체적으로 수준이 상당히 높은데 그중에서도 노틸러스는 매우 전문적이다).

- 노틸러스(Nautilus) : http://nautil.us/
- 사이언스알레트(Sciencealert) : http://www.sciencealert.com/
- IFL사이언스(IFLscience) : http://www.iflscience.com/

이 밖에도 첨단과학이나 과학기술의 진전을 주로 다루는 뉴스와 매거진

홈페이지가 있다(사실 이런 종류의 사이트는 너무 많다).

- <사이언티픽 아메리칸(Scientific American)>지 공식 홈페이지 : http://www.scientificamerican.com/
- Science X의 물리학 채널 : http://phys.org/
- 유레크얼러트(EurekAlert) : http://www.eurekalert.org/

더 학술적인 것으로는 정기간행물 공식 사이트가 있다. 마지막으로 외국인들이 추천하는 인기 Top 15 대중과학 사이트가 정리된 링크를 알려줄 테니 관심 있는 사람은 둘러보기 바란다(http://www.ebizmba.com/articles/science-websites).

Q 양자역학은 어떻게 공부해야 하는가?

공부에 왕도가 있겠는가? 보통 행렬역학(matrix mechanics)부터 배울 것을 권한다. 먼저 양자역학의 전체적인 이론 틀을 이해한 다음, 이어지는 슈뢰딩거 파동 방정식(Schrodinger wave equation)을 이해한다. 양자역학을 편미분 방정식 연습으로 배운다면 잘못 배우는 것이고 양자역학을 선형대수 연습으로 배운다면 잘 배우고 있는 셈이다. 처음에 배울 때 물리적으로 도저히 이해할 수 없는, 직관에 위배되는 사안과 맞닥뜨렸다면 일단 받아들이고 뭔가를 계산해내는 데 집중하라. 그 단계를 거친 다음, 직관에 위배되던 것들의 물리적 의미를 다시 생각해보라.

Q | 물리 지식으로 멋지게 여심 혹은 남심을 공략하는 방법은?

질문자가 물리를 제대로 배우고 그 안에 담긴 생각들을 이해하기 시작하면, 그 느낌들을 말로 표현하기가 정말 어렵고 다른 사람과 공유하기 힘들어 누군가와 공감대를 형성할 가능성이 극히 낮음을 깨닫게 될 것이다. 그건 마치 꿈을 꾸는 것과 같아서 대개는 혼자 이해하는 것으로 끝난다. 그래서 물리는 사람을 좀 외롭게 만드는 학문이다. 하지만 나는 적당한 외로움은 해롭지 않다고 생각한다.

그래도 무슨 수를 써서든 물리 지식으로 여심 혹은 남심을 공략할 생각이라면, 충고하건대 극한의 외로움을 맛보게 될 것이다.

Q | 왜 수많은 물리이론은 우리의 직관에 위배되는 것일까? 물리학에서 서술하는 것이 우리가 살고 있는 세계라면 우리의 직관에 부합해야 옳지 않은가?

아인슈타인은 이런 말을 했다. "상식이란 18세까지 습득한 편견의 집합이다(Common sense is the collection of prejudices acquired by age 18)."

물리 법칙, 문학, 회화, 음악을 막론하고 무엇이든 깊이 파고들면, 일상생활에서 접하는 것들이 마치 우물 속에서 바라본 하늘처럼 너무도 편협하고 아득할 정도로 미미하다는 사실을 깨닫게 된다. 앞서 말한 모든 것들은 인류의 일상생활에 대한 사고와 정리 끝에 탄생했다. 상대성이론은 저속운동의 생활상식을 개의치 않았고 가브리엘 가르시아 마르케스(Gabriel Garcia Marquez)는 융통성 없는 사실주의를 더 이상 고수하지 않았으며, 파블로 피카소(Pablo Picasso)는 왜곡과 광란 속에서 새로운 탐색을 시도한 결과 마침내 모두 일상생활의 범주를 초월하게 되었다.

그러니까 끊임없이 새로운 지식으로 기존의 상식을 바꿔나가는 것이 옳은 길이며 그 반대가 되어서는 안 된다. 지식은 마땅히 상식에 부합해야 한다는 것은 그야말로 게으르고 독선적이며 위험한 발상이다.

Q | 수학, 물리, 화학의 관계와 상호간의 지위를 어떻게 이해해야 하는가?

수학, 물리, 화학은 모두 자연과학의 기초 학문이다. 그러나 특징을 놓고 보자면 수학은 선험적인 철학으로 증명할 수 있는 형이상학이라고 할 수 있다. 따라서 어떤 면에서 보자면 자연과학이라고 할 수 없다. 수학 명제는 일단 증명되면 뒤집힐 가능성이 전혀 없다. 물리학은 자연과학의 중요한 기초를 이룬다. 물리이론은 현상에 대한 해석에 의존해야 하며 사람의 경험을 완전히 벗어날 수 없다. 정확한 물리이론은 증명됐는지 여부는 따지지 않고 현상과 부합하는 정도만 따진다. 한편 화학은 어떤 면에서 보자면 창발현상(emergent phenomena)이 일으킨 현상학적 물리라고 할 수 있다. 창발현상이란 기본입자가 한데 모여 계층이 올라가면 이해할 수 없는 새로운 현상들이 대거 나타나는 것을 의미한다. 그러나 화학은 결코 응용물리학 또는 응용 다체물리학이 아니며 화학 자체의 계층에서 그 자신의 규칙을 연구하는 학문이다. 이 계층의 연구에서 필요한 창의력은 결코 물리학보다 못하지 않다. 예를 들어 컴퓨터의 발전으로 수많은 복잡한 화학과정을 시뮬레이션할 수는 있지만 여전히 컴퓨터가 할 수 있는 작업에는 한계가 있다. 어떤 문제들은 단순히 계산 능력이 향상되었다고 해결할 수 있는 성질의 것이 아니다. 만약에 원자, 분자의 크기로 충분히 설득력 있는 현상학적 이론을 구축하고 이 구조 단계의 현상을 연구하는 실험을 결합시킬 수 있으며, 이렇게 하는 것이 그다지 힘든 일도 아니라면 왜기꺼이 하지 않겠는가? 정리하자면 다음 세 가지로 말할 수 있다.

- 물리와 화학을 연구하는 데 수학은 필수불가결하다.
- 수학자의 오늘은 현재까지의 모든 수학자, 물리학자, 화학자의 연구 성과와 밀접한 관계가 있다.
- 뛰어난 수학자, 물리학자, 화학자는 대개 자신의 분야가 아닌 다른 두 분야의 뛰어난 성과를 비웃을 시간적 여력이 없다.

Q 시험 성적은 괜찮은 편인데도 왜 물리학 전공수업을 제대로 이해했다고 생각되지 않는 것일까? 물리학 전공자가 교재 내용을 제대로 이해하려면 어떻게 해야 할까?

그 점을 깨달았다는 것만으로도 훌륭하다. 예를 들어 물리학에서 4대 역학은 저마다 독립된 세계관을 이루고 있다. 그중 하나만 제대로 이해하는 것도 쉬운 일이 아니다. 시험은 제한된 학습 시간 안에 충분히 깨우칠 수 있을 만큼의 지식을 다루는 것으로, 시험 성적이 좋다고 해서 4대 역학을 제대로 이해했다는 뜻은 아니다. 그런 당혹감이 드는 것은 너무나도 자연스러운 일이다. 또한 당혹감이 느껴지는 부분은 굉장히 심도 있는 지식이라 교과과정에 담을 수 없다. 그러니 어차피 알 수 없는 내용에 집착

하느라 괜히 기운 빼지 말고 그냥 착실히 배움을 이어가라. 그러다가 더 높은 수준에 이르러서 문득 뒤돌아보면 새롭게 깨달음을 얻을 수 있을 테니. 깊이 파고들수록 새로이 깨닫게 되는 것도 많아지는 법이다.

Q │ 물리학의 역사를 따로 연구하는 것이 물리학 발전에 필요한 것일까?

미국의 과학사학자 겸 철학자인 토머스 새뮤얼 쿤(Thomas Samuel Kuhn)이 들었다면 무덤에서 벌떡 일어날 질문이다. 쿤의 책 《과학혁명의 구조(The Structure of Scientific Revolutions)》를 정독하기 바란다.

Q │ 대학 물리를 완벽하게 배우려면?

개인적으로는 두 가지 능력이 아주 중요하다고 생각하는데, 하나는 물리적 이미지를 형상화하는 능력이고, 다른 하나는 수학 능력이다. 전자는 계산하고 또 계산하고, 읽고 또 읽고, 무의식적으로 생각하고 또 생각하면 생기고, 후자는 계산하고 또 계산하고, 문제를 풀고 또 풀고, 수학에 민감하고 익숙해지면 된다. 이 밖에 물리학 과목들은 모두 서로 깊이 연관되어 있으므로 어느 하나도 고립된 과목으로 공부하면 안 된다. 엄청나게 많은 시간을 들여 각각의 과목을 서로 잇고 관통시켜야 한다.

지금까지 말한 것을 한마디로 요약하자면 '시간을 들여라.' 마지막으로 중요한 것은 튼튼한 멘탈이다. 앞에서 말한 두 가지를 완벽하게 해낼 수 있는 사람은 매우 드물다. 그러니 본인이 그런 사람이 아니라고 해서 기죽을 필요는 없다.

Q 우리가 알고 있는 정리나 관념이 틀린 것은 아닐까? 아주 먼 훗날, 인류문명이 어떤 형식으로 존재하든 과학탐구가 끝을 맞이할 날이 올까?

역사상 물리학계가 공인했던 이론 중에서 시간이 흐른 뒤에 틀렸다고 증명된 것은 거의 없다. 이미 공인된 어떤 이론이 틀렸음을 증명하려면 이 이론을 뒷받침하는 수많은 실험 사실을 뒤집어야 하는데 이는 불가능에 가까운 일이기 때문이다. 뉴턴역학을 예로 드는 사람들이 많은데 사실 뉴턴역학은 틀린 것이 아니라 정확도 측면에서 부족한 점이 있었을 뿐이다. 상대성이론과 양자역학도 뉴턴역학을 번복하지 않고 특수한 조건에 맞춰 뉴턴역학의 적용 범위를 확정했을 뿐이다. 구체적인 물리 현상을 옛 이론의 적용 범위에 집어넣으면 새 이론은 무조건 옛 이론의 예언을 반복한다. 따라서 어떤 물리이론이 여전히 실험을 바탕으로 한 것이라면, 현재의 이론이 미래의 어느 날에 번복될 리는 없다.

두 번째 질문에 답을 하자면, 물리학자들은 매번 자신이 대자연의 비밀을 모두 밝혀냈다고 큰소리치다가 대자연에게 크게 한 방씩 얻어맞고 겸손을 되찾곤 했다.

Q | 광속은 도대체 무엇이며 왜 광속은 극한 속도인가? 또한 새로 발견된 중력파조차 왜 광속으로 전파되는가?

빛은 딱히 특별할 것이 없다. 광자도 질량이 없는 평범한 입자일 뿐이다. 광속이 특별하다기보다는 질량이 없는 입자의 속도가 특별하다고 할 수 있다. 우주에는 극한 속도가 있다. 이 속도는 질량이 없는 입자가 운동하는 속도로, 모든 질량이 있는 입자의 속도는 반드시 그것보다 작다. 그래서 중력파가 광속으로 전파되는 것도 중력파가 질량이 없기 때문으로 우연이라 할 것이 없다.

Q | 힘은 전파속도가 있는가?

힘은 전파속도를 가지고 있다. 기계력의 속도는 소리의 재료 속 전파속도다. 예를 들어 강(steel) 속에서 소리는 5~6km/s의 속도로 전파된다. 진공 속에서 전파되는 힘이라면, 예를 들어 전자기력과 중력이라면 빛의 속도로 전파된다.

Q | 자기장과 전기장은 무슨 관계인가?

근본적으로 자기장과 전기장(전계)은 같은 개념이다. 보다 엄밀하게 말하자면 동일한 물리량(전자기장 텐서)의 서로 다른 벡터량이다. 이는 자기장과 전기장이 서로 다른 좌표계에서 상호전환할 수 있다는 뜻이다. 서로 다른 속도로 운동하는 관성 좌표계에서 당신이 보는 자기장과 전기장은 다를 수 있으나 그 자기장과 전기장의 총 전자기장 텐서는 분명히 같을 것이다. 맥스웰 방정식이 반영하는 것도 사실 이러한 전환에 오류(예를 들어 에너지 보존의 법칙에 어긋난다거나 운동량 보존의 법칙에 어긋나는 등의 오류)가 나타나지 않게 보장하는 기하구조이다. 좀 더 파고들면 순수 기하학적 언어로 전자기학을 다시 쓸 수 있는데, 전자기장은 섬유다발의 기하구조라 정의할 수 있으며 자기장과 전기장은 이런 기하구조의 곡률을 반영한다.

Q │ 전기와 자기의 전환에서 왼손 법칙과 오른손 법칙이 있는데 왜 대자연은 이와 같은 방향을 정한 것일까? 만약 이 법칙이 우리와 정반대로 적용되는 우주가 있다면, 그 우주는 어떠한 물리 법칙을 위배한 것인가?

이 문제를 설명하다 보면 결국 패리티(parity, 우기성이라고도 하며 자연현상이 일어나는 방식이 공간의 구별 없이 동등성을 가지는 것을 보증하는 양—옮긴이)에 이르게 된다. 사실 왼손 법칙과 오른손 법칙은 원래 인위적으로 정한 것이다. 다시 말해 모든 왼손 법칙을 전부 오른손 법칙으로 바꾸고 모든 오른손 법칙을 왼손 법칙으로 바꿔도, 눈에 보이지도 않고 어디 있는지도 모르는 자기장의 방향이 180도 바뀌는 것을 빼면 직접적으로 관찰할 수 있는 물리 현상 중 변하는 것은 아무것도 없다.

예를 들어 전자가 자기장에서 로렌츠 운동을 하고 있는데 자기장이 180도 돌면 전자의 로렌츠 힘의 방향도 180도 변하기 때문에 전자의 운동 궤적도 변해야 한다. 그러나 사실 여기에서 로렌츠 힘의 방향을 판단하는 왼

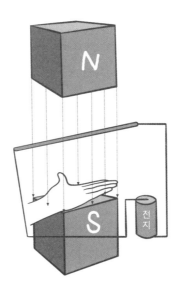

손 법칙을 오른손 법칙으로 바꾼 데다 180도를 더했으니 전자의 운동은 어떠한 영향도 받지 않은 셈이다.

전자기학 이론의 범주에서 물리학은 좌우를 판단할 능력이 없어 왼손과 오른손은 완전히 등가의 개념이다. 습관적으로 사용하는 왼손 법칙과 오른손 법칙도 그저 습관일 뿐 서로 바꿀 수도 있다(단, 반드시 둘 다 한꺼번에 바꿔야 한다). 이것을 패리티 보존이라고 한다.

Q | 왜 서로 다른 색의 빛은 같은 매질 속에서의 절대굴절률이 다른 것일까? 미시적으로 파장은 굴절에 어떤 영향을 미치는가?

빛은 전자파로 매질 속에 들어가면 원자 속 전자의 운동상태를 바꾼다. 물질 속에서 교란당한 전하는 주파수는 같으나 위상이 지연된 전자파를 발사하는데, 밖으로 나온 빛은 이 전자파들의 총합으로 주파수는 같지만 광속은 느려진다. 즉 굴절률이 커진다.

주파수가 서로 다른 빛은 전자에 미치는 영향도 다르므로 굴절률은 입사 주파수와 관련이 있다. 매질 속에서 빛의 파장은 사실상 짧아지지만 공기 중으로 돌아오면 원래의 값을 되찾는다. 전자파의 본질은 파장이 아니라 주파수이지만 통상적으로 공기 중에서는 이 두 용어를 섞어 사용한다. 굴절률은 매질의 고유한 성질로 매질의 성분, 구조와 관련이 있으며 각각의 매질은 각기 다른 색의 빛에 서로 다른 반응을 보인다. 따라서 굴절률은 주파수(파장)의 함수, 즉 파장과 관련이 있다고 하는데 미시적으로 파장이 굴절에 영향을 미쳤다고 말할 수는 없다. 이밖에 특정한 구조의 매질 속에서, 예를 들어 어떤 결정에서의 굴절률은 전자파의 편광 방향과 관련이 있을 수 있다. 또 만약 입사광이 너무 강해 원자에 극렬한 교란을 일으킨다면 서로 다른 빛을 발생시킬 수도 있고 매질 발열과 구조 변화가 굴절률을 변화시킬 수도 있으며, 심지어 매질이 파괴되는 등 여러 가지 변화를 일으킬 수도 있다. 이런 현상을 비선형 광학(nonlinear optics) 현상이라고 한다.

Q 마찰력을 설명하는 그림을 그릴 때, 접촉면에 그리면 두 힘의 평형 조건과 맞지 않고, 중심에 그리면 힘의 작용점과 맞지 않으니 어떻게 해야 하는가?

접촉면 위에 그려야 한다. 여기에서 마찰력과 장력은 평형을 이룰 수 없다. 마찰력의 작용 탓에 나무토막은 회전하려는 경향을 보인다(브

레이크를 밟으면 자동차 앞머리가 밑으로 파고들려는 경향을 보이는 것도 이 때문이다). 물론 나무토막이 정말로 회전하지 않는 까닭은 지면이 막고 있기 때문이다. 구체적으로 살펴보자면 전반부 지면의 지지력이 후반부 지면의 지지력보다 커서 역방향 모멘트를 주어 회전을 상쇄시킨다.

Q | 온도가 상승하면 다른 대다수 물질의 용해도가 커지는 것에 반해 수산화칼슘의 물속 용해도는 오히려 낮아진다. 그 이유는 무엇인가?

이 문제는 두 단계로 나눠서 살펴봐야 한다. 일단 대다수 물질이 물에 녹을 때 열을 방출하는 이유를 살펴보자. 물질이 물속에서 용해될 때는 두 단계를 거친다. 먼저 물질 내부의 화학결합이나 분자 간의 힘이 끊어지는데 이 단계에서는 열을 흡수한다.

그런 다음 끊어진 물질이온이나 분자와 물이나 물이온이 다시 결합하는데 이 단계에서는 열을 방출한다. 물에 녹는 물질은 대부분, 두 번째 단계에서 물과 결합할 때 방출하는 에너지가 첫 번째 단계에서 그 물질의 원래 구조를 깨트릴 때 흡수하는 에너지보다 크다. 그래서 최종적으로는 엔탈피(enthalpy) 변화량들의 총합이 0보다 작아져 용해가 일어날 가능성이 커진다. 용해 엔탈피가 0보다 작아 열을 방출하니 온도가 올라가는 것이다.

그러나 수산화칼슘과 같은 몇몇 물질은 물과 결합할 때 방출하는 에너지가 원래 구조를 깨트릴 때 흡수하는 에너지보다 작다. 그러나 온도가 내려가는데도 불구하고 이런 물질들도 자발적으로 용해가 이루어진다. 그 이

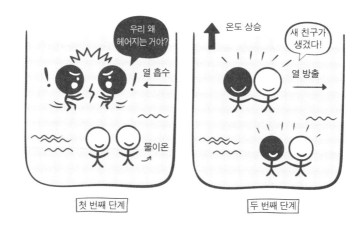

첫 번째 단계 | 두 번째 단계

유가 무엇일까?

수산화칼슘 용액의 상태가 고체상태의 수산화칼슘에 순수한 물을 더한 것의 상태보다 훨씬 난장판이기 때문이다. 즉 수산화칼슘 용액의 엔트로피가 훨씬 더 높다. 그래서 수산화칼슘이 물에 녹는 과정의 용해 엔탈피는 커지지만 엔트로피가 증가하는 까닭에 총 자유에너지는 줄어들어 용해 과정이 자발적으로 이루어지게 만든다. 이는 엔트로피에 의한 자발적인 과정이다.

Q | '장'과 '힘'의 정체는 무엇인가?

물리는 철학이 아니다. '장'이든 '힘'이든 정체라 부를 만한 것이 없다. 이는 인류가 자연을 설명하기 위해 필요에 따라 자의적으로 정의한 것이다. 예를 들어 장(場, field)의 경우, 맨 처음 시공간의 각 점마다 숫자를 하나씩 대응시키거나 벡터, 텐서를 하나씩 대응시킨 것을 '장'이라고 했다. 훗날 양자학을 끌어들이면서 장은 시공간의 각 점에서 하나의 '연산자 (operator)'가 되었다. 다음으로 '힘(force)'은 물체 운동의 변화를 일으키는 작용으로 도입되었다. 이후 이론이 발전하면서 점점 더 사용하기 힘들어지자 결국 찬밥신세로 전락해 버림받고 말았다.

어떤 수학 구조가 실험 현상을 잘 설명할 수 있다면 찬사를 받을 테지만 실험 현상을 설명할 수 없다면 쓰레기처럼 버려지고 다른 정의로 대체된다. 그러므로 물리는 철학이 아니다. 엄격히 말해 물리학자는 '정체'라는 것에 관심이 없다. 물리학자가 관심을 가지는 것은 이 실험을 통해 무엇을 보았으며, 이 실험을 어떻게 해석할 수 있는지, 그리고 이 해석으로 이어질 관측 결과를 정확하게 예측할 수 있는지 여부 따위다. 모든 것은 관측 가능한 대상을 중심으로 하며 관측에 근거하지 않고 '정체'를 논하는 것은 그저 쓸데없는 헛소리에 불과하다.

Q | 같은 종류 원소의 서로 다른 이온은 수용액 속에서 색이 서로 다르다. 그 이유는 무엇인가?

이온이 색을 띠는 이유는 특정 에너지의 전자 전이를 용인하고 특정 주파수의 빛을 흡수하며, 이 주파수가 마침 가시광선 영역 내에 있기 때문이다.

노출이온(bare ion)은 용액 속에서 H_2O 및 다른 분자 또는 이온과 쉽게 착이온을 형성한다. Fe^{2+}과 Fe^{3+} 수화이온을 예로 들어보자. 나비 형상 궤도 (d_{xy}, d_{xz}, d_{yz}) 3개, 땅콩 형상 궤도(d_{z^2}) 1개, 크래커 형상 궤도($d_{x^2-y^2}$) 1개가 있고, 물 분자 6개가 팔면체 형식으로 중심의 철이온을 포위하고 있다. 이

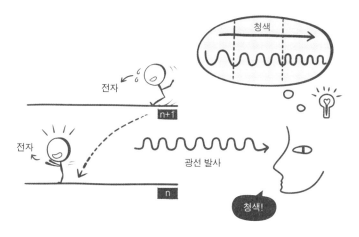

경우 어떠한 결과가 벌어질까?

나비 형상 궤도 3개가 자리한 기하 환경은 똑같고 그 전하가 집중적으로 분포된 곳은 교묘하게 주변 H_2O 분자를 피해 무사히 틈새에 자리를 잡아 비교적 낮은 에너지를 갖게 된다. 그러나 땅콩 형상 궤도의 양 끝과 크래커 형상 궤도의 테두리는 H_2O 분자와 부딪혀 더 많이 반발해 비교적 높은 에너지를 나타낸다. 그 결과 5개의 d 오비탈(orbital)의 에너지 준위가 달라져 에너지 준위가 높은 것과 낮은 것 둘로 갈리게 된다. 그런데 그 에너지 차가 마침 가시광선 영역 안에 있고, 전자가 둘로 나뉜 d 오비탈 사이에서 전이해 색깔을 띠게 된다.

같은 종류 원소의 서로 다른 이온은 전하가 높을수록 갈라짐 에너지가 크고 발생하는 색이 약간 다르다. Fe^{2+}에 대응하는 갈라짐 에너지는 작은 편이고 흡수한 광자에너지가 상대적으로 낮으며 적색광 영역에 있기 때문에 그와 보색인 연녹색을 띤다. Fe^{3+}에 대응하는 갈라짐 에너지는 큰 편이고 흡수한 광자에너지가 상대적으로 높고 주황색 영역에 있기 때문에 그와 보색인 연자색을 띤다.

한편 용액 속의 다른 이온도 일부 H_2O 분자와 치환해 중심 이온과 결합하고 갈라짐 에너지의 크기에 영향을 주어 색깔 변화를 일으킨다. 예를 들어 용액의 pH > 1일 때, $[Fe(H_2O)_6]^{3+}$의 H_2O 2개는 OH^-로 치환되고 이합체화 반응을 보여 색깔이 연자색에서 황갈색, 적갈색으로 변한다. 그리고 $FeCl_3$ 용액 속의 물 분자 4개는 Cl^- 이온으로 치환되어 $FeCl_4(H_2O)^{2-}$를 형성해 황색을 띤다.

Q 현미경으로 찍은 원자 그림은 작은 공 모양인데 정말로 원자가 그렇게 생겼을까?

아니다. 원자가 작은 공 모양으로 보이는 것은 현미경의 분해능력이 그 정도밖에 안 되기 때문이다. 예를 들어 멀리 떨어져 있는 사람의 사진을 찍어 크게 확대하면 그 사람의 얼굴이 아주 작은 모자이크로 이루어진 네모처럼 보인다. 그 사람의 얼굴이 정말로 네모이기 때문이 아니라 해상도의 한계 때문이다.

Q 왜 만유인력의 법칙과 쿨롱의 법칙에서 힘과 거리는 역제곱관계인가?

쿨롱의 법칙(Coulomb's law)을 예로 들어 설명하겠다. 3차원 공간에서 구의 표면적과 반지름의 제곱이 정비례하기 때문에 전계강도(전기력선의 분포 밀도라고 직관적으로 이해하면 된다.)가 전하의 거리에 역제곱관계를 이루게 해야만 전하를 중심으로 크기에 상관없이 모든 구 위의 전기력선의 근수(根數)가 같을 수 있다. 그렇지 않으면 전하가 없는 곳에서 전기력선을 방출하거나 흡수하게 된다. 다시 말해 역제곱관계는 전하가 전기장(electric field)의 유일한 원천임을 보증한다. 또 다른 면에서 보면 우리가 3차원 공간에서 사는 까닭에 쿨롱의 법칙에서 힘과 거리의 역제곱관계가 생긴 것이다. 만유인력의 법칙도 이와 비슷하다.

물론 이는 고전적인 이해일 뿐이다. 양자전동역학에서는 역제곱 법칙과 광자의 정지 질량은 아무런 관계가 없다고 본다. 그러나 일반상대성이론에서는 만약 시공간이 심각하게 왜곡되면 만유인력의 법칙과 쿨롱의 법칙의 역제곱관계도 꼭 성립된다고 볼 수 없다. 그래서 몇몇 물리학자들은 거리에 따라 만유인력의 법칙을 수정해야 하는지 여부를 연구하고 있다.

Q 반지름이 R인 대전 금속구가 있는데, 그 주위 전기장의 에너지와 R^4이 반비례한다. 그렇다면 R이 0에 가까워질 때 에너지는 무한히 커지는 것을 어떻게 해석할 수 있는가?

이 역시 오랫동안 물리학자들을 괴롭힌 문제다. 당시의 문제는 이러했다. '대전된 작은 구가 양성자와 전자로 변했다. 점입자(占粒子, 이상적 입자)라고 생각했을 때, 전자는 하나의 점으로 보이고 주위 전기장의 에너지는 무한대로 크다.' 이는 분명 오답이기 때문에 물리학자들은 두 가지 방법을 생각해냈다. 하나는 재규격화(renormalization)였고 다른 하나는 끈이론이었다. 사용하는 데 있어서는 재규격화가 끈이론보다 훨씬 간단하기 때문에 물리학자들은 처음에 재규격화를 사용했다. 그런데 재규격화는 치명적인 결함을 가지고 있었다. 바로 일종의 타협점을 찾는 방법이라는 것이다. 재규격화는 양성자가 쿼크로 이루어져 있으니 크기가 있으므로 이런 문제가 존재하지 않는다고 했지만, 결국 문제는 해결하지 않고 쿼크에게 책임을 전가한 셈이었다. 물론 현재 이 문제는 이미 끈이론에 넘겨졌기 때문에 반지름이 0이 되는 대전 구체는 존재하지 않는다.

Q | 왜 진공에서 광속은 다른 매질 속에서의 광속보다 빠른가?

빛은 전자기파이고 전자기파는 전하에 대해 작용한다. 매질 속에는 대전된 전자와 원자핵이 존재하는데 빛이 매질을 통과할 때 이런 입자들에 대해 작용을 하게 된다. 또 대전 입자는 왕복 운동과정에서 전자기파를 발사하는데 원래의 빛의 집합과 서로 중첩되면서 최종적으로는 광속이 느려져 보이게 만든다. 단, 원래의 빛의 집합이든 유도한 빛의 집합이든 그 전파속도는 모두 진공에서의 광속이며, 광속이 느려지는 것은 일종의 겉보기 등가다.

Q | 운동마찰계수는 왜 1보다 클 수 없는가?

뭔가 오해가 있는 것 같다. 중고등학교의 물리과정에서 운동마찰계수(coefficient of kinetic friction, 한 물체가 다른 물체의 표면에 접촉하여 운동하고 있을 때 그 운동을 방해하려는 운동마찰력의 그 면에 수직인 반력에 대한 비-옮긴이)가 1보다 작다고 하고, 다른 여러 예시에서 언급한 운동마찰계수도 1보다 작다. 그러나 현실에는 운동마찰계수가 1보다 큰 물질도 존재한다. 실험 결과 금속과 고무 사이의 운동마찰계수는 1~4이고, 인듐 사이의 운동마찰계수는 1.5~2이다. 어떠한 처리(가압, 가열, 표면 불순물 제거)를 거친 금속의 운동마찰계수는 5~6일 것이다.

다수의 학자에 따르면 마찰력이란 두 물체의 접촉면 사이 분자 간의 응집력에 의해 발생하는 것이다. 볼록 튀어나와 있어야 접촉할 수 있으므로 일반적인 상황에서 미시적 접촉 면적은 거시적 접촉 면적보다 작다. 또한 압력을 키우면 미시적 접촉 면적이 커지므로 마찰력은 수직압력에 정비례한다는 결론을 얻을 수 있다.

Q | 왜 최대 정지마찰력은 운동마찰력보다 큰가?

마찰이라는 개념을 처음으로 제시한 사람은 다빈치라고 알려져 있다. 그 후 몇몇 과학자들이 실험 끝에 마찰력의 법칙을 만들었다. 마찰력의 법칙에는 총 네 가지가 있는데 그중 세 번째 법칙에 따르면 '정지마찰계수는 운동마찰계수보다 크다.'

지난 수 세기 동안 이 법칙은 정설로 받아들여졌다. 그러나 마찰이 일어나는 과정은 여전히 비밀에 싸여 있다. 작은 물체가 경사면에 놓여 있는 경우를 예로 들어보자. 마찰력은 수직항력과 마찰계수의 곱으로 계산한다. 경사면의 경사각이 서서히 커지는데 이 과정에서 경사각이 특정 각도를 넘어서면 물체는 등가속도 운동을 하며 아래쪽으로 미끄러져야 한다. 그러나 실제 실험에서 이 경사각은 정해진 어떤 값이 아니었고 미끄러지는 과정도 등가속도 운동을 하지 않았다. 그 이유는 경사면의 거칠기가 다르기 때문이다. 현재 실험 결과에 따르면 두 고체의 경계면이 매끈할 경우, 최대 정지마찰계수는 운동마찰계수와 같다.

운동마찰계수와 다른 양도 관련이 있다. 운동마찰계수는 속도와 관련이 있다. 속도가 커지면 운동마찰계수는 처음에는 약간 커졌다가 나중에 감소한다. 이처럼 운동마찰계수가 감소하는 이유는 경계면의 미세한 진동 때문이라고 추측된다. 수직항력이 굉장히 클 경우, 경계면의 형태 변화는 물체가 힘을 받는 상황을 분명하게 변화시키는 까닭에 운동마찰계수가 변하게 한다.

Q | 뉴턴 제1법칙은 제2법칙의 특수한 예라고 볼 수 있는가?

먼저 뉴턴 제1법칙에 대해 알아보자. '외력이 가해져 원래의 운동상태를 바꾸지 않는 이상, 정지해 있는 물체는 정지상태를 유지하고 등속 직선 운동을 하는 물체는 그 운동을 지속한다.' 이 법칙의 의의는 관성계의 개념을 제시했다는 것이다. 이는 뉴턴 제2법칙, 뉴턴 제3법칙이 세운 역학체계의 바탕이기도 하다. 그래서 뉴턴 제1법칙은 꼭 필요한 법칙이다. 만약 뉴턴 제1법칙을 단순히 $F=ma$의 특수한 예라고만 여긴다면, 틀린 것은 아니지만 온전하게 이해하지 못한 것으로 뉴턴 역학체계를 제대로 이해하지 못한 셈이 된다.

Q | 광전 효과에서 전자 하나가 광자 하나밖에 흡수하지 못하는 이유는 무엇인가?

　　만약 기본적인 광전 효과의 원리만 배웠다면 이쯤에서 먼저 축하를 해주고 싶다. 여러분은 새로운 현상을 발견하기 직전까지 왔기 때문이다. 사실 광전 효과에서 전자 하나가 꼭 광자 하나만 흡수하는 것은 아니다. 실험 결과, 단일 광자의 에너지가 일함수(work function)에 미치지 못하더라도 빛의 세기가 충분히 크면 방출되는 광전자가 있을 수 있다. 그 이유는 전자가 광자를 흡수하는 것은 일정한 확률이 있기 때문이다. 빛의 세기가 매우 약할 때(광자의 밀도가 매우 낮을 때), 어떤 전자 입장에서는 그 정도의 광자를 하나라도 흡수할 수 있다면 충분히 잘한 것이기에 광자를 여러 개 흡수할 가능성이 거의 없다. 그러므로 이때 관찰되는 광전자는 광자를 하나만 흡수한 전자다.

　이것이 바로 우리가 배운 광전 효과로 빛의 세기가 약할 때 관찰되는 현상이며, 빛의 진동수에 따라 다르고 빛의 세기와는 상관이 없다. 그러나 빛의 세기가 세지면(빛의 밀도가 커지면) 단일 전자가 광자를 흡수할 확률도 커지며, 심지어 광자를 여러 개 흡수할 가능성도 있다. 이 경우에는 단일 광자 에너지가 전자를 방출시킬 만큼 크지 않더라도 광자 여러 개가 전자 한 개에 흡수되어 방출돼 광전자를 관찰하게 될 수도 있다. 실제로 레이저(일반적으로 레이저 빛의 세기는 매우 세다.) 빛이 일으킨 다광자 흡수는 다방면에서 쓰이고 있다. 예를 들어 이를 이용해 황 동위원소를 분리하는 데 성공했고 광화학, 분광학 분야에서도 쓰이고 있다.

Q | 광전 효과에서 광자가 방출시킨 전자가 금속 안쪽의 전자일 수도 있는가?

    최외각 전자보다는 확률이 낮지만 가능하다. 그러나 안쪽에 있는 전자를 방출시킬 수 있는 광자는 가시광선이 아니라 자외선 내지 X선이다.

Q | 온도의 정체는 무엇인가? 사람이 물체를 만질 때 어떻게 물체의 온도를 느낄 수 있는가?

    온도의 개념을 제대로 이해하려면 먼저 일상생활에서 '차갑다', '따뜻하다'는 느낌을 받았을 때 '아, 이것이 온도구나!'라고 스스로 만들어낸 개념을 버려야 한다. 순수하게 물리적 각도에서 보자면 온도는 한 계(system) 안의 모든 분자의 운동에너지 평균을 통계로 수량화한 것이다(평균 운동에너지와 온도 사이에는 계수 하나만큼의 차이밖에 없다). 온도가 높을수록(평균 운동에너지가 클수록) 계 내부는 더 시끌벅적해진다.

온도가 계의 평균 운동에너지라면 분자가 1개 있든, 10^{23}개 있든, 마이크로파 배경이든(우주 공간에 가득 찬 전자기파) 블랙홀이든 상관없이 그 성분이 운동에너지만 갖고 있다면 그 계의 온도를 정의할 수 있다. 다만 성분이 적은 계(예를 들어 분자 몇 개로만 이루어진 계)는 온도의 개념을 정의하는 것이 별 의미가 없다. 그저 통계적인 의미에서 계를 연구해야 할 때만 온도의 개념이 필요하다. 이런 측면에서 열역학 제3법칙의 '절대영도에 도달할 수 없다'는 말을 이해하면, 한마디로 물리 현실 속에서는 한 계의 평균 운동에너지가 0이 될 수 없다는 뜻이 된다.

앞에서 설명한 내용은 미시적인 각도에서 고려한 것으로, 일상생활에서 이를 응용하기 위해 모든 분자의 운동에너지를 다 합친 다음에 평균을 내는 것으로는 물의 온도를 구할 수 없다. 그러면 어떻게 할까? 탁자 길이를 잴 때 자가 필요한 것처럼 온도를 잴 때도 자가 필요하다. 우리가 잘 알고 있는 섭씨온도계를 예로 들어보자. 이 온도를 재는 기구의 정의는 다음과 같다. '표준대기압에서, 예를 들어 수은주를 물속에 넣어 물의 어는점(엄밀하게 말하자면 순수한 물의 삼중점)일 때 수은주의 높이를 섭씨 0도, 끓는점일 때의 높이를 섭씨 100도라고 하고, 이 둘 사이를 100등분 해 각각의 등분 차이를 섭씨 1도라고 규정한다.' 다른 온도를 재는 온도계인 화씨온도계, 열역학온도계 등의 정의도 이와 비슷하다. 온도의 자를 만들려면 온도를 재는 물질(수은), 속성(수은의 팽창), 고정표준점(물의 어는점과 끓는점) 이 세 가지 요소가 필요하다.

그런데 온도에 대한 사람의 느낌을 고려하면 상황은 꽤 복잡해진다. '차갑다'거나 '따뜻하다'는 것은 그저 사람의 감각 경험에 불과하기 때문이다. 사람의 감각 경험은 피부 표층의 신경세포, 밀도, 온도 차, 지속 시간, 공기 습도, 풍속 등 여러 요소의 영향을 받는다. 여기에서는 앞에서 말한 여러 가지 요소 중에서 풍속과 공기 습도 이 두 가지만 말하고자 한다.

풍속은 인체의 피부가 접촉하는 공기량에 영향을 미친다. 풍속이 빨라지면 인체에 접촉하는 공기가 많아지고 공기가 가져가거나 가져오는 열도 그만큼 많아지기 때문에 '바람냉각 지수(windchill index)'가 생겨났다.

풍속이 20m/s일 때 실제로는 섭씨 4도인데도 사람이 느끼는 온도는 섭씨 영하 0.3도다. 그래서 여름철에 부는 산들바람이 더 시원하게 느껴지는 것이다(다만, 공기 온도가 사람의 체온보다 낮아야만 한다. 그렇지 않으면 오히려 상반되는 결과를 얻게 된다). 한편 인체는 땀을 배출해 체온을 낮추는데, 땀이 증발하면서 인체의 열을 가져가기 때문이다. 그러나 공기 중의 습도가 높으면 수분의 증발률이 떨어진다. 이 말은 곧 땀이 증발되는 속도가 느려진다는 뜻이다. 이와 달리 공기가 건조한 상황에서는 수분의 증발률이 높아지면서 땀이 증발되는 속도가 빨라진다. 이런 현상을 통해 '열파 지수(heat index)'를 만들었다.

풍속과 공기 습도가 사람의 온도에 대한 감각에 미치는 영향을 종합적으로 고려해, 바람냉각 지수와 열파 지수를 '체감 온도'라는 한 단어로 합칠 수 있다. 앞에서 설명한 내용으로 보아 물리적인 각도에서의 온도와 실생활에서 경험하는 온도의 차이가 꽤 큼을 알 수 있다. 그러므로 물리를 공부하려면 일상에서의 경험은 잊어야 한다는 결론에 도달할 수 있지 않을까?

Q | 빛 반사의 본질은 무엇인가?

빛은 진공 속에서 직선으로 전파된다. 만약 빛이 반사되었다면 틀림없이 빛의 전파 경로 상에 매질이 나타났기 때문이다. 매질 속의 전하는 빛(전자기파)의 작용으로 또 다른 장을 만들어낸다. 매질이 발생시킨 장은 입사한 빛의 장과 서로 중첩되어 새로운 장을 형성한다. 이 새로운 장이 빛을 반사시킨 방향을 따라 전파한 부분이 바로 반사광이다. 이로써 반사광은 매질이 입사광의 작용으로 추가로 장을 만든 것임을 알 수 있다.

위에서 언급한 내용을 바탕으로 금속의 반사광에 대해 분석해보자. 금속은 정전기장과 파장이 긴 편인 전자기파를 차단할 수 있다. 그 이유는 금속이 빛의 작용으로 추가적인 장을 만들어내는데 금속 내부에서 이 추가적인 장과 외부의 전자기장이 마침 완전히 상쇄되기 때문이다. 금속이 만들어낸 추가적인 장은 금속 표면에 관해 거울 대칭이다(금속 내부에는 전하가 없고 전하가 모두 금속 표면에 집중되어 있기 때문이다). 이로 인해 추가적인 장은 금속 내부에서 외부장을 상쇄시켰고 외부에서 입사광이 법선에 대해 대칭인 방향을 따라 전파되었다. 이것이 바로 반사광이다. 그러므로 우리가 얻은 반사광은 반사의 법칙을 만족함을 알 수 있다.

Q 왜 주파수가 서로 다른 기계파는 동일한 매질 속에서 전파속도가 같은데, 주파수가 서로 다른 빛은 동일한 매질 속에서 전파속도가 다른가?

사실 주파수가 서로 다른 기계파는 똑같은 매질 속에서 움직이는 속도가 서로 다르다. 속도의 차이가 미미해 무시해도 될 정도일 뿐이다. 매질 속 기계파의 파동 방정식으로 구한 파속은 완전히 일치하는데 이러한 속도 차이는 어디에서 비롯된 것인가?

이는 매질 속 기계파의 파동 방정식이 매질을 '이상적으로 고른 매질'로 가정하고 비선형성을 간과했기 때문이다.

실제로 이런 가설은 근사적으로 성립될 뿐이다. 대부분 매질 속 기계파 파장은 매질 속 원자간 거리보다 훨씬 크기 때문에 매질이 고르다고 말할 수 있다. 기계파 주파수가 충분히 클 때(대략 GHz~THz급, 일반적으로 기계파 는 이 정도 주파수에 도달할 수 없다.) 균질 가설은 더 이상 성립되지 않으며, 이 때의 파속 또한 저주파일 때의 파속과 상당한 차이가 있다(대개 훨씬 작다). 선형 매질 가설은 기계파의 진폭이 크지 않은 경우에만 성립된다. 진폭이 작을 때는 비선형성이 두드러지지 않으므로 무시해도 된다. 그러나 기계 파의 진폭이 충분히 클 때는 비선형성을 무시할 수 없다. 폭발로 인한 충격 파가 그 예다. 핵무기가 공중에서 폭발했을 때 생기는 충격파는 공기 중의 음속과는 비교할 수 없을 정도로 빠르다.

Q | 자철석은 어떻게 자성을 띠는가?

먼저 Fe_3O_4의 결정 구조를 알아보자. 스피넬 구조(spinel structure) 이온 결정을 화학식으로 나타내면 AB_2O_4이다. 이중 A는 2가 금속이온이 고 B는 3가 금속이온이다. O^{2-}이온이 면심 입방 구조(face centered cubic)를 최밀 충진하고, 2가 양이온 A가 8개의 사면체 구멍을 메우고 3가 양이온 B가 16개의 팔면체 구멍을 메운다. 결정 중 원자비율은 8 : 16 : 32(A : B : O)이다. Fe_3O_4 $[Fe(FeO_2)_2]$의 역스피넬 구조와 스피넬 구조의 차이는, Fe^{2+}가 팔면체 구멍 전체를 차지하고 Fe^{3+}가 남은 절반의 팔면체 구멍과 사면체 구멍 전체를 차지한다는 것이다.

전이 금속 산화물(transition-metal oxides)의 자성은 주로 전이 금속이온 3d

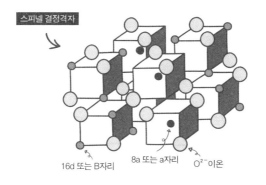

스피넬 결정격자

16d 또는 B자리   8a 또는 a자리 O^{2-}이온

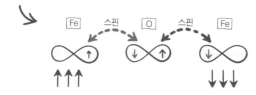

초교환작용 설명도

Fe   스핀   O   스핀   Fe

전자(Fe : $3d^6 4s^2$)에서 비롯된다. 하지만 금속이온이 비교적 큰 산소이온에 의해 떼어져 구멍이 꽤 크기 때문에 서로 이웃한 두 자성이온 사이의 전자 구름은 거의 중첩되는 부분이 없어 직접적인 교환작용(전자 간 쿨롱작용의 양자 효과)을 일으킬 수 없다. 다만 이웃한 전이 금속 자성이온과 중간에 있는 산소이온은 직접적인 교환작용을 일으켜 전자를 비편재화시켜 간접적인 교환작용, 다시 말해 초교환(superexchange)작용을 이룬다. 초교환작용은 이웃한 입자들이 서로 반평행하게 스핀 방향이 정렬되는 경향이 있는 까닭에 Fe^{3+}, Fe^{2+}와 산소이온이 형성하는 Fe-O-Fe는 모두 반강자성을 보인다. 반면 Fe^{2+}-O-Fe^{3+} 중 A, B 자리의 역방향 자기 모멘트는 상쇄할 수 없기 때문에 준강자성을 보인다. 이 밖에 양이온-산소이온-양이온이 이루는

끼인각이 180도에 가까울수록 간접 교환작용은 더 크다. 이때 결정 구조를 고려해야 한다. 역스피넬 구조는 총 다섯 가지 간접 교환작용이 존재하는데, 그중 끼인각이 가장 큰 것은 A-B(약 154도)이다. $Fe^{2+}-O-Fe^{3+}$ 유형이 A-B이므로 자철석(사산화삼철)은 준강자성을 보인다. 한편 산소와 철로 이루어진 다양한 결정 구조의 화합물이 지닌 자성을 판단할 때도 결정 구조와 교환작용을 동시에 고려해야 한다.

또한 우리가 흔히 이야기하는 Fe_3O_4는 FeO와 Fe_2O_3의 혼합물이라고 봐도 된다(이는 구성면에서 이야기한 것으로 구조와는 상관없다). 그렇다면 실온에서는 이 둘이 어떤 자성을 보일지 궁금할 것이다. FeO는 순자성을 보이고 $\alpha-Fe_2O_3$는 육각형 구조로 260켈빈도(빛의 온도) 이하에서는 반강자성을 보이고 260~950켈빈도에서는 기울어진 반강자성, 극약자성을 보이며 $\gamma-Fe_2O_3$는 결함 형석 구조(이 또한 사면체와 팔면체 Fe 자리가 있다.)로 준강자성을 보인다. 이로 보아 자성은 홀전자(unpaired electron)에 의해 결정될 뿐만 아니라 구조(상호작용)와도 밀접한 관계가 있다. 그러므로 철 원소 또는 철 물질이 꼭 자석에 끌리는 것은 아니다.

Q 기체가 진공 쪽으로 확산하는데도 어떻게 일의 양이 0이 될 수 있는가?

이 질문에서 묻고자 하는 것은 '이상기체'인 듯하다. 이에 관한 내용이 있는 것은 사실이다. 다만 몇 가지 문제가 있는데, 다른 대상을 대입해보면 쉽게 이해할 수 있다. 아무런 외력(공기 저항, 마찰력, 외부 지지력 등)도 받지 않는 상황에서, 물체가 늘 정지상태 또는 등속직선 운동상태를 유지할 때는 운동에너지의 변화가 없지 않은가? 두 물체가 충돌하는 과정에서 에너지 손실이 없는 탄성 충돌이 발생할 때, 각자의 속도는 변하지만 전체 운동에너지는 그대로 유지되지 않는가?

전체 에너지가 변하지 않는 이상 일의 양은 당연히 0이다. 여기에서 말한 물체를 이상기체 모델 중의 기체 분자로 바꾸면 답이 나온다. 이상기체라 하면 기체 분자 간의 상호작용을 고려할 필요가 없고 분자 간의 충돌도 탄성 충돌로 볼 수 있다. 그러므로 이 기체가 진공 쪽으로 확산될 때 당연히 일의 양은 0이다.

보충 설명을 하자면, 기체를 한쪽 끝이 막힌 주사기 안에 담았다가 진공속으로 밀어낸다고 가정해보자. 그러면 기체가 피스톤을 밀어 밖으로 운동시킬 때 일을 해야만 한다. 이는 기체 분자의 피스톤에 대한 충돌과 연관이 있으며 일부 에너지를 피스톤 운동에 사용해 운동에너지를 만들고 마찰로 인해 열이 생긴 내부에너지로 전환시키는 것과 관련이 있기 때문이다. 외부가 진공이 아닌 상황에서는 외부 기압에 저항하기 위해서 또 일을 해야 한다. 이처럼 자유 확산과 용기가 있는 상황은 다르므로 나눠서 생각해야 한다.

Q │ 미시적으로 열전달의 실체는 무엇인가?

열전달은 주로 열전도, 열복사, 열대류의 형태로 이루어진다. 열전도는 매질의 거시적 운동이 없을 때의 열전달을 의미하며 미시적으로는 입자의 충돌 또는 원자, 분자 등의 진동이 에너지 교환을 발생시킨 결과다. 예를 들어 기체 또는 액체 중에서 분자 운동은 상대적으로 자유롭기 때문에 사방팔방으로 충돌해 운동에너지가 전이된다. 고체에서는 주로 이웃한 원자가 결합작용을 통해 운동에너지를 전달한다. 결정의 경우, 결정 격자의 다양한 진동 패턴을 추상적으로 표현해 음향양자, 줄여서 음자(phonon)라고 하는데, 이 음자의 운동, 발생, 소멸을 통해 열의 전달을 연구한다.

열복사는 절대영도보다 높은 모든 물체가 지닌, 밖으로 전자기파를 복사하는 속성이자 진공 속에서 열을 전달하는 유일한 방식이다. 미시적으로 보면 분자, 원자 속의 전자는 특정한 에너지를 흡수해 고에너지 준위상태로 전이할 수도 있고 일정한 확률로 전자기파를 복사해 저에너지 준위상태로 돌아갈 수도 있기 때문이다.

열대류는 유체의 열전달과정으로, 미시적으로 보면 미소한 유체 덩어리가 직접 에너지를 가지고 공간상에서 위치를 옮겨 열을 전달하는 것이다. 이 과정은 대개 중력과 부력의 작용과 관계가 있으며 재료의 밀도가 온도에 따라 변하는 특징과도 직접적인 관계가 있다.

Q 음파의 도플러 효과는 어떤 것이며, 빛에도 도플러 효과가 있는가? 적색광은 일정 속도에서 자색광으로 변하는가?

소리가 어떻게 전파되는지부터 살펴보자. 매질 속의 분자가 음원에 교란당해 진동하기 시작하면 주위 분자를 진동에 참여시키고 이어서 더 멀리 있는 분자에게까지 진동을 전달한다. 이렇게 해서 소리는 계속 전파된다. 전파속도는 분자 간 상호작용과 관련이 있다. 음원의 상태에 상관없이(음원속도는 음속을 넘지 않는다.) 소리의 전파는 모두 매질 분자 간 상호영향 때문으로 영향의 효과는 매질 자체의 성질과 관련이 있으며 음속은

청색광

적색광

변하지 않는다.

다음으로 빛에 대해 살펴보자면, 광원의 움직임 여부와 상관없이 광속은 불변한다. 빛의 전파는 전기장과 자기장이 공간에서 서로 자극해 이루어진다. 전자기파의 파속은 맥스웰 방정식으로 구할 수 있다. 광원의 운동 여부와 상관없이 맥스웰 방정식은 성립하는데, 빛이든 전자기파든 광속은 맥스웰 방정식으로 구할 수 있으며 변하지도 않는다.

정지 좌표계에서 광원이 관찰자로부터 멀어지는 방향으로 운동한다면 관찰자가 받는 광주파수는 낮아지는데, 이런 현상을 적색편이(천체 물리학에서 도플러 효과에 의해 스펙트럼선이 파장이 긴 붉은색 쪽으로 편향되는 현상-옮긴이)라고 한다. 반면 광원이 관찰자에게 가까워지는 방향으로 운동한다면 관찰자가 받는 광주파수는 높아지는데, 이런 현상을 청색편이라고 한다.

이는 광원의 운동 방향 때문인데 파가 압축되면 파장은 짧아지며 파원 운동의 반대 방향에서는 상반되는 효과가 발생한다.

1848년 프랑스의 과학자 아르망 이폴리트 루이 피조(Armand Hippolyte

Louis Fizeau)는 도플러 효과를 이용해 항성의 스펙트럼편이를 설명하고 도플러 효과로 항성의 상대속도를 계산할 수 있다고 밝혔다. 그러나 도플러 효과를 확실히 관측하려면 광원의 속도가 굉장히 빨라야 한다. 예를 들어 적색광(파장 400나노미터)이 청색편이를 통해 자색광(파장 760나노미터)으로 변하게 하려면 파원의 속도가 광속의 0.56배에 달해야 하는데, 이는 지구를 초당 네 바퀴 도는 엄청나게 빠른 속도다.

Q | 광속은 절대불변인가?

질문이 좀 모호하지만, 만약 '광속은 절대불변이다'라는 말이 좌표계가 바뀌는 상황에서 광속이 변하지 않는다는 뜻이라면 현재까지의 인지로 봤을 때 맞는 말이다. 물론 여기에서 말한 것은 모두 진공 속에서의 광속이다.

상대성이론이 제기되기 전, 사람들은 맥스웰 방정식을 계산해서 전자기파의 속도상수(광속 c)를 얻었다. 그러나 그것이 어느 좌표계에서의 광속인지는 알 길이 없었다. 그래서 빛의 속도를 규정할 수 있는, '에테르(ether)'라 명명된 기준(절대원점)이 되는 좌표계를 찾으려 했다. 그러나 마이컬슨-몰리 실험(Michelson-Morley experiment) 결과, 어떤 방향으로 관측하든(지구 운동 방향과 광속 방향이 같든 다르든) 빛의 속도는 달라지지 않아 '에테르'라는 가상의 물질은 존재하지 않는 것으로 판명이 났다. 이에 아인슈타인은 '진공에서 광속은 불변'이라는 원리를 자신의 특수상대성이론의 기초로 삼았다.

20세기 초의 물리학 혁명은 이로부터 시작되었다. 그래서 상대성이론 체계에서 광속 불변의 원리는 근간을 이루고, 더 기초적인 원리로 증명할 수는 없지만 수많은 실험을 통해 그 정확성이 이미 증명되었다. 만약 광속 c가 이렇게 특수한 이유를 군이 묻는다면, 여기에서는 이해를 돕는 정도의 설명만 덧붙이겠다. 일단 빛의 정지 질량(rest mass, 어떤 좌표계에서 정지하고 있는 물체가 가지고 있는 질량-옮긴이)이 0이라는 속성 자체가 특수하고 상대성이론 체계에서 질량이 0인 입자의 운동속도는 c일 수밖에 없으므로 특수한 것이다. 물론 이는 상대성이론 체계 내에서의 '자기 일관성'적 사고다.

만약 '광속은 절대불변'이라는 말이 30만km/s라는 이 숫자의 절댓값이 불변한다는 뜻이라면 이는 틀린 말이다. 광속의 절댓값은 원칙상 변할 수 있다. 광속 절댓값의 변환은 특수상대성이론의 기본가설에 아무런 영향도 미치지 않는다. 후자가 말하는 것은 광속이 좌표계에 의존하지 않는다는 것이다. 또 증거가 미약하기는 하지만 현재의 진공 광속이 초기 우주와는 분명히 좀 다를 것이라고도 한다(그 증거에 관해서는 논란이 존재한다).

Q 추상적인 물리량인 운동에너지, 각운동량은 어떻게 발견되었으며, 우리는 각운동량을 어떻게 이해해야 하는가?

사실 처음에는 운동량이라는 개념이 아니라 운동량 보존의 법칙을 생각해냈다. 이는 16~17세기에 활동한 서유럽 철학자들의 우주의 운동에 대한 사고에서 비롯되었다.

당시 철학자들은 통통 튀는 고무공, 날아가는 총알, 운동하는 기기 등 주위 물체들이 결국에는 모두 멈춘다는 사실을 깨닫고 자연스레 이런 의문을 떠올리게 되었다. '하늘에 떠 있는 달도 멈출까?' 그러나 당시의 천문 관측 결과, 천체 운동이 감소하는 현상은 발견되지 않았다. 그래서 당시 철학자들은 우주 속 운동의 총량은 감소하지 않으며 이를 서술할 수 있는 적합한 양을 찾기만 하면 우주의 운동량이 보존된다는 사실을 확인할 수 있으리라 생각했다.

프랑스의 철학자 데카르트(직각 좌표계를 발명)는 일찍이 이렇게 밝혔다. '충돌과정에서 질량과 속력의 곱은 변하지 않는다.' 그러나 훗날 크리스티안 호이겐스(Christiaan Huygens)는 충돌 문제를 연구하던 중에 데카르트의 정의에 따르면 운동량이 보존되지 않는다는 사실을 발견했다. 결국 거인의 어깨 위에서 세상을 본 뉴턴이 데카르트의 이론을 수정해 '질량과 속력의 곱'을 '질량과 속도의 곱'으로 바꿔 운동량을 제대로 정의했다. 운동량은 아이작 뉴턴의 책《자연철학의 수학적 원리(Philosophiæ Naturalis Principia Mathematica)》에서도 언급되었다. 그 뒤를 이어 다시금 뉴턴이 활약했다. 뉴턴은 케플러 제2법칙(태양과 태양의 둘레를 따라 돌고 있는 행성을 연결하는 직선은 같은 시간 동안 같은 면적을 쓸고 지나간다.)을 연구하면서 각운동량의 정의를 어렴풋이나마 제시했으며 평면 기하 방법으로 중심력(두 물체 사이에 작용하는 힘이 두 입자의 선을 잇는 방향으로 작용하는 힘-옮긴이)하에서 면적의 정리(이것도《자연철학의 수학적 원리》에 나오는 내용이다.)를 증명했다. 훗날 레온하르트 오일러(Leonhard Euler)도《역학(Mechanica)》에서 몇 가지 각운동량 문제를 해결하기는 했지만 더 발전된 내용은 내놓지 못했다. 다니엘 베르누이(Daniel Bernoulli)도 현대적 의미의 각운동량과 비슷한 개념을 제시했지만 체계화하지 못했다. 그 후로도 피에르 시몽 라플라스(Pierre Simon Laplace), 루이 푸앵소(Louis Poinsot), 장 베르나르 레옹 푸코(Jean Bernard Léon Foucault, 푸코의 진자를 이용해 지구의 자전을 보여준 사람) 등 여러 사람의 손을 거친 끝에 1858년 스코틀랜드의 엔지니어 윌리엄 랭킨(William Rankine)이 각운동량을 제대로 정의했다.

각운동량은 주로 각운동량 보존의 법칙으로 이해된다. 이것은 폐쇄계 회전과정에서 우연히 발견된 불변량이다. 과학자들은 더 복잡한 상황에서도 각운동량은 여전히 보존된다는 사실을 최종적으로 증명했다. 심도 있게 말하자면, 각운동량은 공간 회전 그룹의 제너레이터(generator)로 공간 회전에 대한 계의 대칭성에서 비롯된다.

참고문헌 |

https://en.wikipedia.org/wiki/Angular_momentum

Q

일반적으로 액체는 분자배열이 무질서하고 간격도 큰 편이지만 고체는 분자배열이 질서정연하고 간격도 작은 편이다. 그런데 왜 물은 얼면 밀도가 작아지는가?

H_2O의 부피는 온도에 따라 바뀐다. 이 점은 물이 얼 때만 보이는 특성이 아니다. 사실 온도가 내려가다가 섭씨 4도에 이르면 물의 부피는 팽창하기 시작한다. 이는 물 분자의 특징인 수소결합 때문이다. H_2O의 원자 3개는 일직선상에 배열되는 것이 아니라 일정한 각도로 배열된다. H와 O 사이의 화학결합 외에도 물 분자 사이의 수소결합 작용이 있다. 온도가 높은 편일 때는 수소결합 작용이 뚜렷하지 않다. 하지만 섭씨 4도 이하로 내려가면 수소결합 작용이 분자 내부의 화학결합 수준이 되어 그로 인해 물의 배열에 특수한 경향이 생기는데, 물 분자 속 H가 서로를 머리로 받치게 된다. 이는 공간 이용률이 극도로 낮은 배열 방식이라서 H_2O의 부피가 커지게 된다. 이런 배열은 온도가 낮을수록 더 두드러지며 H_2O가 고체가 될 때까지 부피가 팽창하게 된다.

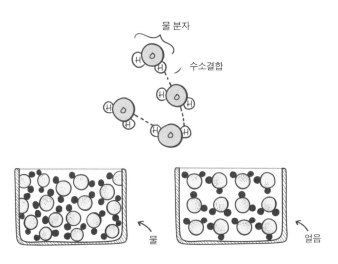

물 분자

수소결합

물

얼음

Q 왜 발사 위성의 궤적은 타원형이고 지표면에서 운동하는 물체의 궤적은 포물선을 그리는가?

사실 둘 다 타원이다. 다만 지표면 근처에서는 물체의 운동 범위가 지구에 비해 엄청 작아 중력장이 균일 전기장에 근사될 수 있는데, 이때 유도해낸 물체의 궤적이 포물선일 뿐이다. 사실 타원의 꼭짓점 부근의 좁은 곡선 구간도 포물선으로 근사할 수 있다. 중심력장(central force field, 모든 힘이 작용하는 부분의 중심을 중심력이라 하며, 이러한 중심력이 존재하는 범위 또는 공간을 의미-옮긴이) 안에서의 물체의 운동 궤적은 비네트(Binet)의 공식을 활용해 엄격하게 해를 구해야 하는데, 여기에는 이론역학과 미적분의 관련 지식이 필요하다.

공기 저항 등의 요소를 고려하지 않고 가장 단순한 모형만 고려한다면,

역제곱 중심력장 안에서 외력이 작용하지 않은 물체의 운동은 이차곡선의 궤도, 즉 원뿔곡선을 따르는데 그 종류로는 타원(특수한 상황인 원형을 포함), 포물선, 쌍곡선이 있다. 원뿔곡선에 해당하는 이 세 곡선들의 이심률 e는 각각 $0 \leq e < 1$, $e=1$, $e > 1$이다. 이에 따라 이 물체의 역학적 에너지 E(운동에너지와 위치에너지의 합)를 통해 궤적의 형상을 판단할 수도 있는데, $E < 0$일 경우는 타원, $E=0$일 경우는 포물선, $E > 0$일 경우는 쌍곡선이다.

그래서 지표면에서 물체를 쏘았을 때도 엄격한 포물선을 얻을 수 있다. 단, 그 운동에너지가 지구 중력의 속박을 완전히 벗어날 수 있을 만큼 커야 한다. 이는 엄청나게 큰 에너지로 일반적인 상황과는 본질적으로 다르다. 예를 들어 화성탐사선은 최소한 제2우주속도 $(2gR)^{1/2}$ =11.2km/s에 이르러야만 포물선을 따라 지구를 떠날 수 있고, 제2우주속도를 넘어야만 쌍곡선을 따라 지구를 떠날 수 있다. 만약 제1우주속도와 제2우주속도 사이의 속도라면 타원을 따라 얌전히 돌기만 하는 위성이 될 테고, 그보다도 느린 속도라면 우리가 던진 돌멩이가 땅바닥에 떨어지는 것과 마찬가지로 추락하는 신세가 될 것이다.

Q | 각운동량 보존을 간단하게 설명할 수 있을까?

각운동량 보존은 고전역학과 양자역학에서의 의미가 각기 다르므로 두 부분을 나눠 설명하겠다.

먼저 고전역학에서의 각운동량 보존이다. 계에서는 각운동량($L=r \times p$)이라는 물리량을 정의하는데, 측량/계산에서 어떤 시점의 각운동량 수치가 변하지 않으면 그것을 각운동량 보존이라고 부른다. 뉴턴역학에서 각운동량의 변화는 토크로 결정된다. 즉 $\frac{d}{dt}L=M$이다. 이를 통해 외부에서 계에 작용하는 토크가 0이면 각운동량은 시간에 불변함을 알 수 있다. 이 것이 바로 각운동량 보존의 조건이다. 해석역학에서는 계의 라그랑지언 (Lagrangian)이 계의 회전에 대하여 불변할 때, 계의 각운동량이 보존된다. 위의 두 가지 서술이 말하는 바는 같다.

각운동량 보존을 이용하면 더 간단하게 계의 해를 구할 수 있다. 예를 들어 중심력장은 전형적인 각운동량이 보존된 경우다. 각운동량 보존을 이용해서 케플러 제2법칙을 유도할 수도 있다.

두 번째는 양자역학에서의 각운동량 보존이다. 계에서 각운동량 연산자 ($L=r \times p$, 여기에서 L은 각운동량 연산자를 말한다.)라고 부르는 연산자를 정의하는데, 각운동량 연산자의 고유값이 바로 각운동량이다. 만약 측량/계산에서 어떤 시점의 각운동량 평균값이 변하지 않으면(수치만 변하지 않으면 되는 고전역학과 달리 양자역학에서는 평균값이 변하지 않아야 한다.) 계의 각운동량 보존이라고 부른다. 양자역학에서 각운동량 보존을 보장하려면 각운동량 연산자와 해밀턴 연산자(Hamiltonian, 해밀토니안)를 교환하면 된다. 각운동량이 보존되는 계에서는 각운동량을 좋은 양자수(good quantum number)로 삼아 이를 이용해 해밀턴 연산자 대각선화 과정을 간소화시킬 수 있다.

Q | 자화의 본질은 무엇인가?

자화과정이란, 자성재료가 자기장의 작용으로 자기포화상태에 이를 때까지 자화상태가 변해가는 것을 말한다.

동일 자성체 안에서 자발자화(외부의 자기장 없이 강자성체 내부에서 스스로 자기화되는 현상-옮긴이)의 세기는 똑같다. 자성체 안에는 수많은 자구(magnetized domain)가 있는데, 이는 강자성체(ferromagnetic substance)가 자발자화과정에서 에너지 최저 상태에 이르기 위해 만들어낸 소형 자화 구역으로 각각의 구역 내부에는 다량의 원자가 존재하고 원자의 자기 모멘트 방향은 동일하다. 한편 이웃한 다른 구역 간의 원자 자기 모멘트 배열 방향은 서로 다른데 거시적으로 자발자화 세기가 같은 것으로 나타나지만 방향은 서로 다르다. 자구와 자구의 경계인 자구벽(magnetic domain wall)이 보여주는 전체 자화 세기는 $M=\sum_i M_s V_i \cos\theta_i$로 나타낼 수 있는데, 이중 M_s는 자발자화 세기, V는 자구의 크기, θ는 자구 방향과 자화 용이축(easy magnetization axis)의 끼인각이다. 그러므로 외부자장(external magnetic field)의 작용으로 변화가 발생하는 것은 이 세 가지로 각각 진성자화 세기의 변화, 자구벽 변위 및 자구 회전에 대응된다.

Q | 비열은 물질의 온도가 상승함에 따라 커지는가?

열용량(비열 용량과 열용량은 질량 계수 하나만큼의 차이밖에 없으므로 둘을 같이 논한다.)은 계의 단위온도가 상승할 때 일어나는 내부에너지의 변화다. 일반적으로 매우 좁은 온도 범위에서 열용량은 변하지 않는다고 생각하지만, 실제로 열용량이 온도 변화에 따라 변하는 것은 물질세계에 보편적으로 존재하는 현상이다.

예를 들어 이원자 분자(diatomic molecule) 이상기체의 열용량은 상온에서 $5/2Nk$이며, 수천 도에 달했을 때는 $7/2Nk$(N은 분자의 개수, k는 볼츠만 상수)로 변한다. 이원자 분자를 스프링과 유리막대를 동시에 써서 연결한 2개의 작은 공이라고 상상해보자. 처음에는 온도가 낮아 분자의 운동속도가 느리고 유리막대에 충돌해 부수기에는 에너지가 부족하다. 이때는 스프링의 존재가 유명무실하다. 그러나 온도가 올라가면서 유리막대가 깨지면 스프링이 작용하기 시작해 진동 자유도(vibrational degrees of freedom, 분자를 구성하고 있는 원자 간 진동의 자유도-옮긴이)가 에너지의 분배에 참여하게 된다. 고전적 에너지 등분배 법칙(energy equipartition law, 열평형상태에 있는 분자들은 각 분자가 가지고 있는 움직임의 자유도에 대해서 동일한 평균에너지를 갖는다는 법칙-옮긴이)으로 인해 원래 병진 자유도(translational degree of freedom)와 회전 자유도(rotational degree of freedom)에 등분배되어 있던 에너지를 진동 자유도에도 분배해줘야 한다. 그래서 흡열이 같을 때, 병진운동에너지는 그렇게 많이 증가하지 않고 온도도 원래보다는 적게 증가한다. 즉 열용량이 커진다. 물론 더 적확하게 말하자면 진동운동에너지는 양자화되어 있어서 낮은 온도에서의 열운동은 분자가 진동에너지 준위(vibrational energy level)상의 전이를 하게 만들 수 없으며, 10^3K 정도에 이르러야만 열용량이 진동의 영향을 고려할 필요가 생긴다.

열용량이 온도에 따라 변하는 것을 보여주는 또 하나의 전형적인 예는 전자다. 전자의 열용량은 온도에 비례하는데 상온에서는 매우 작다. 10^4K 정도에 이르러야만 결정격자 열용량과 비교할 수 있다.

전자는 대표적인 페르미온으로 파울리 배타 원리(Pauli exclusion principle)를 따라 각각의 에너지 준위에 스핀이 서로 다른 2개의 전자만 채워지므로 전자가 채워진 가장 높은 에너지 준위는 이미 매우 높은 편이라 상온에서의 열운동은 이 최고 에너지 준위 근처에 있는 일부 전자에만 영향을 미칠 수 있다. 결정격자진동과 전자의 열용량을 고려하면 온도가 극히 낮은 상황에서 금속의 열용량이 0에 수렴함을 알게 된다. 흥미로운 사실은, 열용량의 정의에 따라 열용량이 마이너스 값을 가질 수도 있다는 점이다. 블랙홀의 온도는 질량과 반비례하는데 질량은 에너지와 비슷하다. 다시 말해 블랙홀은 에너지를 흡수하면 온도가 떨어져 마이너스 열용량을 보여주며 온도의 제곱과 반비례한다.

Q 왜 물체는 최속강하곡선 상에서 운동속도가 가장 빠른가?

최속강하곡선(brachistochrone)은 마찰을 고려하지 않는 상황에서 공이 한 점에서 또 다른 점까지 자유 낙하로 가장 짧은 시간 안에 도달하는 궤도 곡선을 말한다. 일단 역학적 에너지는 보존되기 때문에 물체가 어떤 궤도를 거쳐 하부에 이르든 그 속도는 모두 같다. 직관적으로 보았을 때는 두 점을 직선으로 잇는 선의 길이가 가장 짧으므로 직선으로 가야 가장 짧은 시간 안에 도달할 것 같아 보인다. 그러나 실상은 그렇지 않다. 만약 맨 처음의 경사도 절대치가 두 점을 곧바로 이은 직선보다 크다면 공을 더 빨리 가속시킬 수 있다. 이는 이동 시간을 줄이는 요소 중 하나다. 비록 또 다른 요소인 거리가 늘어나는 바람에 결국 이동 시간이 더 늘어나게 되지만 말이다.

정리하자면 두 점을 직선으로 이을 때 가장 적은 시간이 걸린다고 단순하게 결론지을 수 없다. 최속강하곡선을 구하려면 각 부분의 경사도(가속도를 결정하는 요소)와 거리를 종합적으로 고려해야 한다. 필요한 시간 t를 곡선 방정식 $y(x)$의 범함수로 두는데, 다시 말해 $y(x)$와 그 도함수를 적분해 시간을 표시한다. $y(x)$ 자체는 구체적 형식을 모르는 함수인데, 시간 표시가 $y(x)$의 함수가 된다. 이런 함수를 범함수라고 한다. 변분법(calculus of

variation)을 이용해 얻은 시간을 최소화하는 최적해 $y(x)$가 최속강하곡선의
방정식이다.

Q 전기력선의 밀도가 높을수록 왜 전계강도가 세지는가?

정전기장을 예로 들어 이 문제를 풀어보자. 전기력선은 전계를
설명하는 가시적인 수단으로 직관적이고 구체적이라는 특징이 있지만 전
계에 대한 설명의 정확도를 떨어뜨린다. 교과서에 전기력선의 밀도가 높
은 곳의 전계강도가 크다는 내용이 실려 있지만 전하의 분포로 전계강도
의 크기를 구할 수도 있다. 이 두 가지 방법은 서로 아무런 연관성이 없어
보이는데, 이 두 가지 방법으로 알아낸 전계강도는 똑같을까?

당연히 그렇다. 전계 중의 어떤 한 지점에는 방향이 있어 이 방향을 따라
선을 그려 다른 한 지점까지 이으면 그 지점도 전계 방향을 가진다. 그러면
그 방향으로 다시 선을 그리고, 이런 식으로 계속하면 전기력선을 구할 수
있다. 만약 전하가 없는 전계에서 전계에 수직인 원을 그리고 이 원의 둘레
각 점을 기점으로 전기력선을 그리면 전기력선으로 둘러싸인 파이프라인
을 얻게 된다. 전기력선을 그리는 방법에서 알 수 있듯이 관벽상의 전계 방
향은 모두 접선 방향이므로 관벽상의 전계는 파이프라인 전체의 전기 선
속(electric flux)에 아무런 공헌도 하지 않으며 전기 선속은 파이프라인의 양
끝에서 비롯된다. 가우스의 법칙으로 추론하면, 양 끝의 전기 선속은 크기
는 같고 부호가 다르다. 또 전기 선속의 정의는 $\Phi=ES$이므로 면적이 작은
쪽의 전계가 강하다. 면적이 작다는 것은 관벽상의 전기력선에서 가깝다
는, 다시 말해 전기력선의 밀도가 더 높다는 뜻이다. 그러므로 전기력선의

밀도가 높은 곳일수록 전계강도가 크다.

Q | 전자는 서로를 밀어내는데, 왜 전자쌍이라는 표현이 있을까?

먼저 여기에서 말하는 전자쌍은 전자 2개가 사이좋은 짝을 이루고 있는 것을 말한다. '이성끼리는 끌어당기고 동성끼리는 밀어내는 것이 이치'라는 말을 귀에 딱지가 앉도록 들어봤을 텐데, 수업 시간에 물리 선생님은 이 법칙이 단순히 남녀관계에만 적용되는 것이 아니라 자기(磁氣)와 전기(電氣)에도 적용된다고 설명했다. 자기의 성질은 자극(磁極)을 가리키고 전기의 성질은 전하를 말한다. 그렇다면 전자끼리는 서로 밀어내는데, 다시 말해 상대방을 싫어하면서도 같이 어울리며 쌍을 이루는 이유는 무엇일까?

외부의 도움이 없는 경우, 분명 2개의 전자는 안정적인 쌍을 이룰 수 없다. 마치 만나기만 하면 서로 으르렁대는 앙숙처럼 상대방과 같이 있기를 꺼린다. 그런데 만약 중간에 누군가가 끼어든다면? 누군가 둘 사이를 중재한다면 앙숙끼리도 가끔은 잘 지낼 수 있지 않을까? 초전도 현상을 설명하는 BCS이론 중 쿠퍼 쌍(Cooper pair)을 예로 들어보자. 이 상황에서 '누군가'는 포논(phonon), 즉 결정격자진동이다. 쿠퍼(Leon Cooper)는 이렇게 말했다. "일반적으로 전자 사이에 인력이 존재하기만 한다면, 그것이 아무리 작더라도 페르미온 면 부근의 전자를 하나로 결합시켜 쿠퍼 쌍을 형성할 수 있다." 간단히 말해 인력만 있으면 일부 전자는 쌍을 이룰 수 있다. 그렇다면 초저온 초전도 현상에서 이 인력이 어떻게 나타나는지 분석해보자.

결정격자 중 이온 코어(ion core)는 모두 양전자를 가지고 있다. 첫 번째 전자가 어떤 이온 코어들의 중간에서 움직일 경우, 인력작용으로 이 구역의 이온 코어 밀도가 오르내리고 전자 근처의 이온 코어 밀도가 커진다. 밀도가 큰 이온 코어는 두 번째 전자에 대한 흡인력이 더 강한데, 이 흡인력이 때로는 전자 사이의 척력보다 클 수도 있다. 이렇게 합쳐진 유효작용이 바로 흡인력이며, 이 흡인력의 영향으로 전자쌍이 나타날 수 있다.

Q | 반사, 굴절이 편광을 얻을 수 있는 이유는 무엇인가? 반사와 굴절은 어떻게 빛의 진동면을 어느 한 방향으로 제한할 수 있는가?

빛의 반사와 굴절 문제를 해결하고 싶다면 고전전자기학을 이용하면 충분하다. 고전전자기이론에서 가장 기본이 되는 것은 무엇인가? 바로 맥스웰 방정식이다. 빛이 한 매질에서 다른 매질로 투과할 때 경계조건 하나를 형성하는데, 이를 맥스웰 방정식에 적용하면 이 경계조건의 해를 구해서 반사광과 굴절광의 전기장 벡터와 입사광의 전기장 벡터의 관계를 구할 수 있다. 이 관계가 바로 프레넬 공식(Fresnel's formulas)이다. 프레넬 공식을 분석해, 입사각이 브루스터 각(Brewster's angle, 이때 반사광은 굴절광과 수직을 이룬다.)일 경우에는 빛이 경계면에서 반사되지 않는 완전 편광이 일어나고 편광 방향은 입사되는 평면에 수직이 됨을 알 수 있다. 그러나 일반적인 상황에서는 입사광이 완전 편광이 아니면 굴절광은 완전 편광을 일으킬 수 없다.

Q 고무 속에서 소리의 전파속도는 수십 m/s에 불과해 실온 공기 중에서의 전파속도보다 느리다. 그 이유가 무엇인가?

본질적으로 음속은 미소 교란이 압축 가능한 매질 속에서 전파되는 속도다. 고체에서 음파는 횡파도 있고 종파도 있는데, 간단히 설명하자면 재료 속 원자나 분자가 파동이 전파되는 방향에 수직으로 또는 수평으로 왔다 갔다 진동한다. 만약 단일 분자 또는 원자가 진동하는 방향과 음파의 전파 방향이 최대한 일치한다면, 이 방향에서 분자 간 충돌 확률이 커지고 교란이 전파되는 속도도 빨라질 것이다. 다시 말해 음속이 더 빨라질 것이다. 일반적으로 고체에서의 음속 공식은 다음과 같다.

$$v_s = \sqrt{\frac{K}{\rho}}$$

여기에서 K는 체적탄성률이고, ρ는 고체 재료의 밀도다. 고체 재료의 음속을 계산하려면 이 재료의 구체적 성질 계수부터 알아야 한다. 그래서 고무 속에서 음파의 전파 상황도 일률적으로 말할 수 없는데 천연고무 속에서는 음속이 매우 느리지만 경도를 높이면, 예를 들어 가황고무(고무에 유황을 섞어서 가열하여 탄성을 증가시킨 고무 - 옮긴이)를 만들면 음속이 훨씬 빨라진다.

Q 맥스웰의 도깨비는 무엇을 의미하는가?

맥스웰의 도깨비(Maxwell's demon)는 맥스웰이 진행한 사고실험으로 열역학 제2법칙의 위배 가능성을 제시하는 실험이다. 맥스웰은 칸막이를 사용해 어떤 상자를 A와 B 두 구역으로 나눈다고 가정했다. 이때 도깨비가 칸막이를 제어하는데 이 도깨비는 모든 분자의 운동속도를 알고 있으며, A 구역에서 평균보다 속력이 빠른 분자가 칸막이에 부딪히면 칸막이에 달린 문을 열어 B 구역으로 분자가 들어가게 하고 평균보다 속력이 느린 분자는 통과하지 못하게 한다. 또 한편에서는 평균보다 속력이 느린 분자는 A 구역으로 들어가게 하고 평균보다 속력이 빠른 분자는 B 구역에 머물게 한다. 그러면 잠시 뒤 A 구역에는 평균보다 속력이 느린 분자들이 몰리고 B 구역에는 평균보다 속력이 빠른 분자들이 몰리게 된다.

즉, A 구역의 온도는 낮고 B 구역의 온도는 높은 상태가 된다. 이는 외부로부터 일의 작용이 없는 상황에서 A의 온도를 낮추고 B의 온도를 높이는 것과 같다. 그래서 맥스웰은 다음과 같이 생각했다. '물체가 평균보다 크고 물질을 구성하는 분자를 구분할 수 없을 경우에만 열역학 제2법칙이 성립하므로 열역학 제2법칙이 적용되는 범위에 제한을 둬야 한다.' 맥스웰의 도깨비는 이미 거짓임이 증명되었다. 그 이유는 간단하다. 맥스웰의 가정에서 상자는 고립계여야 한다. 그러나 모든 분자의 운동속도를 측정하기

A 구역   B 구역

위해서는 에너지나 물질을 투입해야만 하므로 사실상 상자는 고립계가 아니다. 그래서 맥스웰의 도깨비는 열역학 제2법칙의 위배 가능성을 증명하기는커녕 열역학 제2법칙이 참임을 증명하는 예가 되었다.

Q 모든 물질은 시공간에서 광속 c로 움직이는데 공간 방향 분속도가 커지면 시간 방향 분속도는 감소한다. 그럼 상대론적 효과를 속도 합성으로 설명할 수 있는가?

상대성이론에서 모든 질점의 4차원 속도 크기는 그 질량이 0이더라도 광속 c라고 본다. 다만 4차원에서 벡터의 크기를 구하는 법과 일반적인 유클리드 공간에서 벡터의 크기를 구하는 법은 다르다. 이는 계량 텐서와 관련이 있으며 단순하게 평행사변형의 법칙을 사용할 수 없다. 이와 관련된 내용이 있는데, 만약 (x, y, z, ict) 4차원 공간을 세우면 사실 로렌츠 변환이 바로 (x, ict) 평면 위의 회전공식임을 알 수 있다.

Q 볼록렌즈를 사용하면 물체가 확대된 모습을 볼 수 있는데 굳이 현미경이 필요한가?

볼록렌즈의 확대 배율 공식 $k=f/(f-u)$를 분석해보면 확대 배율은 두 가지 요소에 의해 결정됨을 알 수 있다. 하나는 볼록렌즈의 초점거리 f이고, 다른 하나는 물체거리 u로, 앞의 공식은 $u < f$일 때 성립된다. f가 변하지 않는 상황에서 u를 계속 키우면 더 큰 확대 배율을 얻을 수 있다(볼

록렌즈를 사용해봤다면 다들 아는 사실일 것이다).

그렇다면 현미경은 왜 필요할까? 실제 상황을 생각해보면, 육안으로 물체를 관찰할 때는 두 가지 요소에 의해 그 크기가 결정된다. 하나는 물체의 실제 크기(길이)이고 다른 하나는 물체를 육안으로 봤을 때의 개구각(angular aperture)이다. 여기에서 언급한 확대율은, 정확하게 말하자면 크기의 확대율이다. 만약 물체거리 u를 계속 키우면 정립된 허상도 계속 확대되지만 그 허상이 눈에 이르는 거리도 갈수록 멀어진다. 그래서 실제로 물체를 관찰할 때, 단순히 볼록렌즈만 사용해서는 높은 확대 배율을 얻을 수 없다. 극도로 작은 물체를 관찰하는 경우에는 현미경이 필수불가결하다. 일반적으로 볼록렌즈에 표기된 확대 배율은 허상이 눈의 명시거리(visual range, 정상적인 눈이 피로를 느끼지 않고 물체를 또렷하게 지속적으로 볼 수 있는 최단거리)에 있을 때의 확대 배율을 가리킨다. 단, 앞에서 말한 확대 배율 공식은 이상적인 볼록렌즈 및 근축광선(paraxial ray, 광학계의 축에 대해 작은 경사를 이루고, 축에서 멀리 떨어지는 일이 없는 광선-옮긴이) 조건에서 도출된 것으로, 구면수차(sherical aberration, 광학계에서 빛의 파장 차이로 생기는 색수차를 제외한 나머지 수차-옮긴이), 색수차 등이 볼록렌즈의 확대 배율을 제한하므로 실제로 응용할 때는 이런 요소들의 영향도 고려해야 한다.

Q 비금속에 압력을 가하자 금속으로 바뀌는 것은 어떤 원리에 따른 변화인가?

일반적으로 모든 물질은 원자로 구성되어 있다. 따라서 물질의 전도성은 원자의 상호작용 방식, 공간분포 형식으로 알 수 있다. 만약 단위면적당 압력을 점점 증대시키면 원자의 조직 형식도 변할 수 있고 물질의 전도성도 바뀔 수 있는데 구체적인 변화 상황은 매우 다양할 것이다.

예를 들어 모트절연체(mott insulator)라는 절연체가 있다. 이 물질의 상태는 금속으로 불릴 수도 있었는데 전자 간의 상호작용으로 에너지 밴드가 분열되어 절연체가 되었다. 그러나 단위면적당 압력을 높이기만 하면 이 에너지 밴드가 이동해 맞물리게 되고 그 결과 도체로 변하게 된다.

금속수소의 경우 이 변화가 더욱 격렬하다. 일반적으로 수소 원자는 모두 2개씩 모여 분자를 이룬 다음, 반데르발스 힘(van der Waals' force)에 의해 액체와 기체로 결합한다. 그러나 사람들은 충분히 큰 압력을 가하기만 하면 수소 원자가 금속처럼 결정격자를 구성할 수 있으며 그 전자도 금속에서처럼 돌아다닐 수 있을 것이라고 이론에 근거한 주장을 펼친다. 이때 원자 간의 상호작용은 금속결합과 더 비슷해서 비금속과 유사한 형식으로 존재하는 수소도 완전히 금속에 가까운 형식으로 존재하는 수소가 될 수 있다. 이와 비슷하게 사람들은 수소를 대량 함유한 수많은 재료가 높은 압력을 받으면 금속과 비슷하게 변할 것이라고도 예언한다. 예를 들어 황화수소(H_2S)의 금속화는 이미 관찰되었다. 그러나 금속수소와 다른 재료의 제작은 그다지 순조롭지 않다. 흥미롭게도 수소이온이 해리된 양성자라서 금속수소를 일종의 전자 축퇴 물질로 볼 수도 있다.

 물리에서 말하는 경계조건이란 무엇이며, 여기에서의 경계조건은 임계조건을 말하는 것인가?

실제 문제를 해결할 때는 계를 설명할 수 있는 방정식만으로는 부족하며 대개 초기상태, 경계상의 상황 등 계에 관한 다른 부가적인 정보가 필요하다. 이런 부가적인 조건을 결정조건이라고 하는데 그중 하나가 경계조건(boundary condition)이다.

예를 들어보자. 끈의 진동 해를 구할 때, 이 끈에 관한 진동 방정식(이 끈에 관한 각종 파라미터가 이 방정식 안에 포함되어 있어야 한다.) 외에 끈의 양 끝단의 상황(고정적일 수도 있고 자유로울 수도 있다.)을 알아야 한다. 이것이 이 문제에 관한 경계조건이다. 한편 임계조건은 대개 계가 어떤 상태에서 막 다른 상태로 바뀌었을 때 만족하는 조건을 가리키며, 이는 경계조건과는 전혀 다른 개념이다.

Q │ 어떻게 해야 격자 진동을 직접 눈으로 보듯 생생하게 이해할 수 있는가?

격자 진동은 결정 원자의 격자 근처에서의 열 진동을 말한다. 결정 속 원자는 굉장한 장난꾸러기라서 평형 위치 근처에서 가만히 있지를 못하고 격자 주위에서 미약한 진동을 일으키길 좋아한다.

현재는 대개 음자로 결정 중 원자의 진동을 서술하고 있다. 결정 중 원자 퍼텐셜 장(potential field)을 테일러 전개하여 2차 항만을 남겨둔 다음, 결정 격자의 병진대칭성으로 다음과 같은 결론을 구할 수 있다. '결정 속의 모든 진동은 유한히 많은 진동 패턴을 중첩해 구할 수 있는데, 각각의 진동 패턴은 원자가 모여 형성한 단진동파(simple harmonic wave)를 대표한다.' 이러한 진동 패턴의 양자화가 바로 우리가 말하는 음자다.

요컨대, 유한한 종류의 단순한 집단 파동을 중첩해 복잡한 결정 진동을 서술할 수 있다는 말이다. 따라서 결정 진동과 관련된 여러 이론을 연구할 때, 구체적이며 복잡한 진동에 대해 생각할 필요 없이 이러한 진동 패턴만 고려하면 된다.

Q │ 관성질량과 중력질량의 차이점이 무엇인가?

둘 다 질량인 것은 맞지만 질량의 함의를 곰곰이 생각해보면 둘의 개념이 결코 같지 않음을 알 수 있다.

관성질량이 나타내는 것은 물체에 힘을 가했을 때 이에 비례해 가속도가 생기는 것의 어려움 정도로, 특정한 종류의 힘에 대한 것이 아니라 어떤 힘의 효과만을 보여준다. 한편 중력질량은 중력을 일으키는 것과 중력을 받아들이는 능력의 크기를 나타낸다. 이렇게 보면 둘은 서로 다른 개념이며 심지어 아무런 관계도 없는 것처럼 보인다.

그러나 뉴턴은 단진자의 주기는 진자의 줄 길이와만 관련이 있고 추의 재질이나 무게와는 아무런 관련이 없다는 사실에 주목했다(단진자 문제는 본질적으로 $F=ma$로 연구할 수 있다. 중력질량은 F 안에 포함되어 있고, m은 관성질량이다). 이는 모든 물체에 있어서 중력질량과 관성질량의 비가 상수라는 말이다. 이후에 진행된 수많은 실험도 이 점이 사실임을 증명했다. 만유인력의 법칙에 따라 이 둘의 비율을 1로 정하고 상수를 만유인력 상수 안에 구겨 넣을 수 있다.

관성질량과 중력질량의 등가성은 일반상대성이론의 첫 번째 기본원리인 등가의 원리 기초다. 만약 중력질량과 관성질량이 완전히 동등하지 않다면 중력장과 가속장의 등가도 어불성설이며, 아인슈타인 엘리베이터

(Einsteinelevator, 아인슈타인의 사고실험으로 자유 낙하를 하는 가상의 엘리베이터 안에 있는 사람은 무중력상태를 느끼지만 이것이 중력에 의한 것인지 관성력에 의한 것인지 알 수 없다는 것으로 등가 원리를 설명–옮긴이) 사고실험도 상상에 불과했을 것이다.

Q 양자역학에서 서로 등가인 세 가지 이론적 기초는 파동역학, 행렬역학, 경로적분이다. 물리 초보자는 어디서부터 공부해야 하는가?

세 가지는 등가이지만 나름의 특징이 있다. 파동역학의 특징은 형상이 매우 또렷하고 여기에서 쓰이는 수학은 매우 일반적이며 실제로 응용이 편하다는 것이다. 또 화학에서의 원자, 분자의 전자구조를 해결할 때 매우 유용할 것이다.

행렬역학은 양자역학 자체의 이론 구조를 설명할 때 가장 명확한 것으로, 양자역학이 어떤 일을 하는지를 가장 쉽게 이해시켜준다. 양자 정보와 응집물질이론 중의 이산형 모델을 처리할 때 가장 많이 쓰인다. 경로적분은 고전이론을 가장 자연스러운 방식을 통해 양자로 이행시킬 수 있어 양자역학의 물리적 의의에 대해 더 본질적으로 보여준다. 이른바 더 고차원적인 물리로 향하는 디딤돌이지만 계산하기가 가장 까다롭기 때문에 일반적으로 실제 문제를 처리하는 데는 활용하지 않는다.

결론적으로, 화학 전공자나 생물학 전공자에게 양자역학은 계산 도구에 불과하며, 슈뢰딩거의 파동 방정식을 배우는 것이 가장 좋다. 절대다수의 물리학 전공자는 먼저 행렬역학을 배워 양자역학이 하는 일이 무엇인지를 제대로 파악한 다음, 파동역학을 배워야 한다. 양자장론을 배우고 싶거나 물리이론 자체에 흥미가 있다면 행렬역학과 파동역학을 배운 다음에 경로 적분을 배워야 한다.

Q 역학과 물리학은 왜 나뉘어졌는가?

모두 뉴턴역학에서 출발했으나 서로 다른 길을 걸었다. 물리학은 역학의 적용 범위를 넓히기 위해 노력했다. 미시적인 양자역학에서 빠른 상대성이론역학까지 기초물리학 법칙에 대한 인류의 이해를 높이기 위해 최선을 다했다. 한편 역학은 뉴턴역학의 틀 아래서 심화연구를 거듭해 난류, 비선형성 등을 연구했고 미사일, 우주비행체의 동역학 분석 등 점점 더 복잡한 시스템을 연구했다.

역학과 물리학의 연구 패러다임은 상당히 큰 차이를 보인다. 역학 전공자는 물리학과에서 가장 중요한 양자역학을 배울 필요가 전혀 없으며 물리학 전공자는 역학에서 가장 중요한 편미분 방정식과 비선형성에 대해 아주 기초적인 지식만 가지고 있어도 된다.

역학과 물리학은 모두 극도로 복잡한 분야라서 제대로 알려면 많은 시간을 투자해야 하기 때문에 서서히 갈라지게 된 것이다.

Q 양자역학과 양자장론은 무엇이 다른가?

양자역학은 비상대론적인 단일 입자 미시 세계의 운동 문제를 해결할 수 있다. 이렇게 말하니 대단치 않아 보이지만 거의 대부분의 화학, 일부 생물학, 마이크로일렉트로닉스, 칩과 집적회로, 현대 광학, 양자 정보 등등이 모두 양자역학의 범위에 포함된다. 양자역학은 물리학 중에서 가장 광범위하게 응용되는 학문이라고 할 수 있으며, 물리 관련 전공을 선택한 절대다수의 학생들이라면 반드시 제대로 이해해야 한다.

반면 양자장론은 상대론적인 여러 입자가 결합한 미시 세계의 운동 문제를 해결한다. 이렇게 말하니 엄청 대단하면서도 복잡해 보이는데, 그런 까닭에 일반적으로 양자역학을 사용할 수 있는 곳에는 양자장론을 사용하지 않는다. 양자장론은 끈이론, 고에너지물리(핵물리와 입자물리를 포함) 및 응집물질 중의 강상관계 물리처럼 상당히 전위적인 물리 연구에 주로 이용된다. 대부분의 물리학 전공자들은 양자장론을 배울 필요가 없다.

Q 왜 뉴턴의 만유인력은 로렌츠 공변 형식으로 고쳐서 특수상대성 이론과 융합시키지 않는가?

건축가가 집을 고치는 데도 상대성이론을 고려해 고쳐야 한다면 얼마나 피곤하겠는가? 단순한 것도 미덕이다. 단순하면 지식을 쌓고 보상을 얻는 동시에 다른 의미 있는 일에 더 많은 힘을 쏟을 수 있다. 인류의 역사를 되돌아보면 과학, 예술, 정치, 전통문화, 편견 등 수많은 영역에서 단순하면서도 딱히 틀린 구석이 없는 것이 다른 무언가로 완전히 대체된 사례는 찾아보기 힘들다.

Q | 왜 흡입펌프는 용기 속의 기체를 모두 제거해 완전한 진공상태로 만들 수 없는가?

이 질문에서 언급한 '완전한 진공상태'는 현재까지 알려진 그 어떤 입자도 없는 상태를 말할 텐데, 이는 명백히 불가능하다. 그 이유 중 첫 번째는 공기를 뽑아내는 공동 내벽이 끊임없이 기체를 방출하는 것이다. 다시 말해 그 안에서 계속해서 입자가 튀어나오는데 이는 불가피한 현상이다. 두 번째는 이렇게 튀어나오는 기체가 없더라도 펌프가 기체를 뽑아낼 때, 진공도가 증가함에 따라 기체를 뽑아내는 속력도 느려진다. 다시 말해 기체를 뽑아낼수록 속도가 느려져 아무리 오랫동안 뽑아내도 완전히 제거할 수 없다. 이 두 가지 요인을 종합하자면, 기체를 뽑아내는 속력이 점점 감소하다가 공동 내벽이 기체를 방출하는 속력과 같아졌을 때 동태균형(dynamic equilibrium)상태에 도달하게 된다. 이때의 진공도는 안정상태의 진공도이다.

Q | 피코미터, 나노미터, 나노켈빈 등 단위의 정확도를 어떻게 보장할 수 있는가?

측량은 결국 계산 또는 비교라고 할 수 있다. 운동선수가 100미터를 달리는 데 필요한 시간은 심판의 스톱워치 클럭 신호 횟수와 비교한 결과다. 운동선수가 달린 시간을 측정하는 데 쓴 스톱워치의 정확도는 스톱워치 발진 주파수의 안정성에 달려 있다. 일반적으로 스톱워치는 수정발진기(crystal oscillator)에서 공급하는 클럭을 사용하는데, 이 수정발진기의

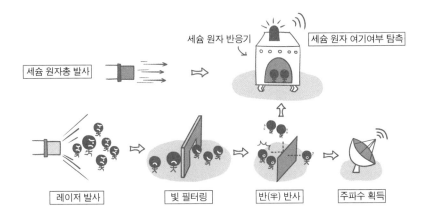

세슘 원자총 발사 　세슘 원자 반응기 　세슘 원자 여기여부 탐측

레이저 발사 　빛 필터링 　반(半) 반사 　주파수 획득

주파수 변화는 10^{-6}에 불과하다. 이 정도로 안정도가 높기 때문에 운동선
수가 달린 시간을 정확하게 잴 수 있다.

　같은 이치로, 관대한 자연 덕분에 원자 내 전자의 전이는 원자의 고유 공
진주파수로, 안정도가 10^{-18}에 달해 160억 년에 1초 이내의 오차만 발생
할 뿐이다. 이처럼 안정적인 원자시계(원자 주위의 전자의 전이에 대응하는 주파
수를 기초로 시간 간격을 결정하는 방법의 시계로 스트론튬 원자시계 등이 있다. -옮긴
이)의 도움으로 인류는 원자시계와의 계수를 비교해 피코 초(Picosecond), 심
지어 펨토 초(Femtosecond)까지도 적확하게 측정할 수 있게 되었다.

　시간/주파수는 인류가 가장 정확하게 파악한 물리량으로, 다른 물리량
을 시간/주파수와 직접적으로 연관지을 수만 있다면 그 물리량의 측량 정
확도도 높아진다. 예를 들어 길이 1미터의 국제단위계 정의는 광속불변의
법칙에 의존해, 진공에서 빛이 1/299,792,458초 동안 진행한 경로의 길이
다. 그러나 국제단위계를 교조적으로 응용해 이를 미시적 크기, 예를 들어
나노미터 크기의 측량을 고에너지 X선(파장이 0.1나노미터 이하)이 펨토초 시
간 내에 운동한 거리로 전환하거나 한다면 실험 물리학자들은 눈도 못 붙

이고 실험에만 매달려야 할 것이다. 겨우 이만한 크기의 것이, 겨우 그만큼의 시간 동안 얼마나 변했는지를 측정하는 것은 현재 인류가 조종 가능한 자연현상의 한도를 넘어선 것이기 때문이다. 사실 더 믿을 만한 방법은 진공 속 광자 내부의 파장 λ와 주파수 υ의 관계($\lambda=c/\upsilon$)를 이용해 특정 주파수의 파장을 미시적 세계의 표준 척도로 삼는 것이다. 예를 들어 XRD에서 많이 쓰이는 Cu 타깃(Copper target) $K\alpha1$에 대응하는 X선 파장은 0.154나노미터로, 더 수준이 높으면서 광범위한 파장 조절이 가능한 싱크로트론 방사광(synchrotron radiation) 시설을 사용할 수도 있다.

극저온에서의 측량은, 미시 원자 운동에너지의 온도에 대한 정의($3kT=mv^2$, k는 볼츠만 상수)에 따라 현미경으로 측량한, 극광에 의해 냉각된 원자의 확산속도로 전환할 수 있다. 세슘 원자를 예로 들면, 현미경으로 세슘 원자가 1초 안에 1밀리미터를 이동했다면 그 온도는 5나노켈빈이다.